上海市高峰高原学科建设计划项目成果

舞台服装人体工程学

陆笑笑　潘健华◎著

Stage costume Ergonomics

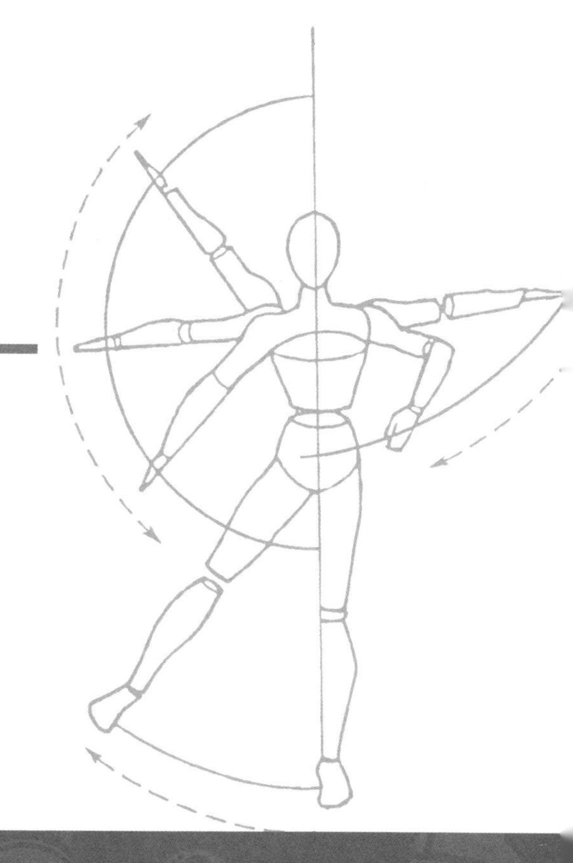

中国戏剧出版社
CHINA THEATRE PRESS

图书在版编目（CIP）数据

舞台服装人体工程学 / 陆笑笑，潘健华著. -- 北京：
中国戏剧出版社，2019.8
ISBN 978-7-104-04834-3

Ⅰ. ①舞… Ⅱ. ①陆… ②潘… Ⅲ. ①戏剧－剧装－
工效学 Ⅳ. ①TS941.735

中国版本图书馆CIP数据核字(2019)第149656号

舞台服装人体工程学

责任编辑：肖　楠　齐　钰
责任印制：冯志强

出版发行：中国戏剧出版社
出 版 人：樊国宾
社　　址：北京市西城区天宁寺前街 2 号国家音乐产业基地 L 座
邮　　编：100055
网　　址：www.theatrebook.cn
电　　话：010-63385980（总编室）
传　　真：010-63383910（发行部）

读者服务：010-63381560
邮购地址：北京市西城区天宁寺前街 2 号国家音乐产业基地 L 座

印　　刷：北京鑫海达印刷有限公司
开　　本：787mm×1092mm　1/16
印　　张：11.75
字　　数：148千字
版　　次：2019年8月　北京第1版第1次印刷
书　　号：ISBN 978-7-104-04834-3
定　　价：58.00元

前 言

舞台服装人体工程学是戏剧影视学科中有关舞台服装系统的新型课题研究，是由服装人体工程学转化而来的，是角色服装科学卫生性与舞台表演的延伸研究。

舞台服装人体工程学源自近二十年的“服装人体工程学”教学与传播的积累，“服装人体工程学”先后获得2005年上海市教委精品课程，2018年上海市优质网络在线精品课程，受众分布于几十所高校。在新时代文化大繁荣及舞台艺术日趋多样化，表演形态多元化的背景下，提出“角色—服装—舞台空间”系统为核心理念的舞台服装人体工程学理念，并借此概念科学地梳理与建构舞台服装人体工程学的知识点和构成内容，是一门服务于戏剧影视与舞台服装的全新课题。

舞台服装人体工程学是服装人体工程学的深化与提升，它在服装人体工程学的学理基础上，从舞台服装特征与特性出发，研究舞台服装功能与绩效提升的方方面面，是艺术与科学、科学与戏剧、戏剧与舞台、舞台与服装、服装与角色等内容全方位的思考及总结。舞台服装人体工程学的研究内容涉及人体工学、人体运动学、表演学、服装结构学、服装卫生学、服装美学、服装材料学等多种学科，是多种学科纵横交叉的研究结果。

人们早在1891年美国芝加哥工业设计展中就提出：“让技术设计去适应

人！”此后受工业革命的影响，产品的集约化、模式化、成批性使人们渐渐失去自我，共性成分抑制了个性的要求，尤其是服装产品。成衣概念（Ready to Wear）的普及使人们的服装行为趋向雷同，追求批量生产及降低成本的结果必然是扼杀人的个性价值与人性化需求，20世纪90年代末，“以人为本”“人性化设计”已成为设计学科关注的焦点，设计师在营造物质世界的过程中，越来越注重对人们自身要求的满足以及人与环境、物质媒介之间和谐默契的追求，最大限度地使所设计门类的介质与效能达到最佳状态。如今，在服装创造中，服装门类的研究越来越细化，这种细化是为了让各个门类的服装特性更鲜明、对象更明确、效能更有绩效。服装从偏重形式美感的主观表达到开始顾及服装的机能与工效，体现设计要求的合理化与科学性，舞台服装人体工程学的研究由此应运而生。它使舞台服装各个系统与部门在创造过程中有客观、系统的科学定位，而不仅仅局限在表象的形式美构成上，也就是说“形式美”应该建立在发挥演员表演、演员卫生舒适、演员与舞台空间等“人—服装—舞台空间”系统的综合绩效上分析研究，力求使舞台服装的机能与艺术效应得以充分发挥。

在试装彩排的日常经历中，导演、演员对服装的诸多不满足，大多来自尺寸、运动、舒适等问题。可以说，所有的问题均是舞台服装人体工程学涉及的内容。

舞台服装人体工程学是服装学科的前沿课题，它是人类（体）工效学的分支学科，是结合专业特性与人类体工效学内容而构成的独立系统，目的在于将传统的“角色适应衣服”改变为“衣服适应角色”，从而实现角色与服装、角色与舞台空间以及“形式美”与“功效性”在服装创造过程中的和谐与统一，使舞台服装介质的各个指标与角色的人体各种要求相适应，让舞台服装的艺术成分与表演的实际效能达到最佳匹配状态。

本书共分七章：第一章舞台服装人体工程学导论，主要阐述“角色—服装—表演空间”研究系统，通过对研究对象与内容的分析，结合舞台服装人体工程的历程，提出研究的方法。第二章舞台服装界面中的人体尺寸测量，涉及角色服装造型的有关测定与演员服装尺寸的特殊设定。第三章演员形体观察与角色服装设计系统，讨论角色服装与演员形体相互作用的关系及人体构造观察；人体和角色服装设计界面与空间表现。第四章舞台服装类型与人体工程学原理，主要阐述不同类型的舞台服装和人体运动要求与不同类型舞台服装的特性处理。第五章舞台服装人体工程与材料系统，阐述演员身体与材料内容，研究适合性，舒适和卫生性与材料功能性等特性，分析塑造角色形象的特殊材料运用与后期维护。第六章舞台服装与观众的知觉及其心理系统，讨论了舞台服装对于观众的知觉心理与观众对于色彩配置，及图形的心理反应等内容。

本书围绕“角色—服装—舞台空间”系统之间的界面关系，全方位审视舞台服装的人体工学内容，以不同的实践内容作为分析对象，有理有据，力求理论与实践指导并用。对服装专业研究人员、高校学生、市场营销者均有学习、参考价值。

本书作者具多年的舞台服装研究资历，书中大量的资讯与数据分析均来自实践项目，对研究的各个层面有深刻的认识与总结，是有感而发的结果。同时，由于舞台服装人体工程学研究处于开创阶段，书中难免有不妥之处，意在抛砖引玉，期待同行的关注和参与。

本书在编写过程中，参阅了国内外有关人类体工效学、戏剧艺术、表演艺术、服装设计、服装卫生、服装防护、人体生理、人体心理等有关的著作与研究文献，谨向有关文献的作（译）者致以诚挚谢意。

作者

2019 年 1 月 1 日

目　录

第一章

舞台服装人体工程学导论

第一节　什么是舞台服装人体工程学

舞台服装人体工程学是一门基于人体工程学的新兴学科。舞台服装人体工程学的理念构成与绩效价值大体与人体工程学的学理一致，对象着落在舞台服装。可以说，人体工程学是舞台服装人体工程学的母题，舞台服装人体工程学是人体工程学更为专业化与运用性的延伸与拓展。

人体工程学，是以人体测量学、生理学、心理学和卫生学等作为研究手段和方法，综合地进行人体结构、功能、心理以及力学问题的研究学科（《辞海》（第三卷），上海辞书出版社 1989 年版，第 809 页）。欧洲通称“人类工效学”日本称之为“人间工学”；在英国称为“工效学”（Ergonomics），是“力的正常比”的意思；在美国称为“人类因素学”（Human Factors）或“人类因素工程学”（Human Factors Engineering）。它的研究最初是从飞机系统开始的，以后逐步扩展到其他系统以及民用系统，经过广泛实践、积累而形成一门独立科学，它是以心理学、生理学、解剖学、人体测量学等学科为基础，研究如何使“人—机—环境”系统的设计，符合人的身体结构和生理、心理特点，以实现“人—机—环境”之间的最佳匹配，使处于不同条件下的人能有效地、安全地、健康舒适地进行工作与生活的科学。它的理论体系具有人体科学与技术科学相结合的特征，涉及技术科学与人体科学的许多交叉性问题，在人体科学与技术科学共同努力下充实发展，并最终为本系统的各部分创造服务，具有多元的成分及跨界的特征。

20世纪70年代以来，人体工程学最根本的工作与目的是认真详尽地分析人类的活动，研究对人提出的各种需求，各方面做到“以人为本”，以及任何外界变化可能产生的影响，力求创造中最大限度地发挥绩效。

服装人体工程学，是人体工程学的分支。穿着服装是人类参与最多、涉及面最广的生活行为之一，服装的创造、择用、评价是人区别于动物的重要标志。在人类漫长的求索过程中，服装业从早期纺轮、骨针到原始纺织技术；从饲蚕、丝纺到织锦刺绣工艺；从“褒衣博带”的裹绕形态到西化渐入的结构式造型，经过漫长岁月的变革与发展，人类的服装行为与理念已经上升到强调人性、以人为本、崇尚科学、卫生以及舒适、便利。

服装的沿革，从原始状态的动、植物材料遮体，到当今高科技时代的温控变色衣、保洁卫生服、呼吸型风雨衣等等，可谓缤纷万千，层出不穷。人们对于服装的创造、开发并不断创新，均出于一个共同的目的与动机，即让服装更好地为人类服务，更精心地包装自己，使服装服从人的需求，更科学、便利、卫生、安全、舒适而有效能地支配服装行为，也就是“衣服适应人”。

纵观世界服装发展史，西方自文艺复兴至20世纪前10年、我国古代及传统服装的礼制程式，无论是西洋女装的裙撑、束身衣，还是本土女性的船型小脚鞋、十八镶的直身旗装，它们都是过多是禁锢人的工具及炫耀身价的手段，因此服装显得那么残酷而不通人性。人类自觉地、能动地把实现“衣服适应人”这个目标并入科学系统的研究范畴，而让它成为独立的学科，则是近几十年的事，它受20世纪40年代西方人类工效学的影响，引发出服装人体工程学的课题，亦被看作人类工效学的分支学科。在我国，服装界人士在近些年才开始关注它的存在价值，但这种承认尚处于朦胧状态，缺乏理性、系统、科学例证的指导与牵引，因为它对传统服装业的经验至上、摹仿追随风气来说，是一种否定；对于设计师来说，偏重于平面形式及美学意义的展示式表现，忽略服装创造中的“服装—人—环境”系统的和谐与统一，是一种挑战。

我们说服装人体工程学，是人类工效学的分支，在于它的系统、目的、价值、功能均相互一致，只不过服装更具体地充当了人类工效学的载体，成为学科理论与实践的媒介。

服装人体工程学是人类工效学中的一个分支，它的研究对象是“人—服装—环境”系统，服装人体工程学的研究内容分几个部分：人体形态结构（包括形态、运动机构、体表与皮肤机能、体型与选型、服装定型与人体部位）；材料卫生学（涉及服装材料与人体的可动性、热特性、舒适性与美观性，选择与定位）；人体测量学（包含服装必要部位的计测方法、标准化数据、型号划分）；特殊职业环境与服装的关系。

人类工效学的历史（从 Ergonomics 这个词的出现）不过几十年，而服装人体工程学更是新兴的学科，只能隐约地找出人们追求人与服装工效关系匹配的例证。1913 年由瑞典人杰德伦·松贝克发明的拉链（Zipper），开始仅用于钱袋与靴子的扣合，1917 年配有拉链的飞行服投入使用，经过几十年不断完善，现在人们不仅能按布料的厚薄或款式的风格来选用各种类别的拉链，像“开尾型”用于夹克，“封尾型”用于口袋，“隐形式”用于薄型裙装；并在材质上开始注意与人体要求协调，金属类用于质地厚的外套，树脂类用于薄质地夏装。从裁制方法来看，西洋女裙走过了以活人体摆设到现代用“人台”（Model Form，亦称胸模，有软、硬体之分）来分割结构空间，这种“人台”具有人体形状标准化特性，建立在人体统计学与测量学的基础上，可直接供立体裁剪及试装，省工省力，效能与尺寸准确性获得提高。在材料方面，1921 年问世的“人造丝”（Rayon）及 1938 年“尼龙”（Nylon）的诞生，为今日的大型合成纤维工业奠定了基础，并使服装制作成本大大降低。

服装人体工程学的内容被提及，是在20世纪70年代之后，由人们注重衣、食、住、行、学习、工作、文化娱乐、体育等各方面的科学合理化而导出。我国的服装行业开始有意识地关注这个学科，并且努力在物化行为中渗入这个意识是20世纪80年代之后，伴随着客观条件的逐渐成熟而进行的：其一，物质文明的进步，服装业前所未有的飞跃发展，改革开放政策使国际品牌的成衣、高科技的织造染整工艺引进，市场拓展及西方服装人体工程学渗透。其二，现代设计强调人文精神，设计人性化与可持续发展思潮构成强调设计“以人为本”的大环境。其三，服装从业者的知识结构发生变化，专门人才及有才华的设计师群体形成，并培养了自己的顾客群与品牌。正因有了这些成熟的条件，才促使服装人体工程学更全面地服务于人们的服装行为。我们可以通过鞋子的两种不同处理来判断出服装人体工程学中满足人的生理、心理需求的价值：第一种处理，两只童鞋分别绣上孙悟空图案，左边的孙悟空头向左偏，右边的头向右偏，这样的处理就使幼童不会穿反方向；第二种处理，将鞋跟上半部隐藏在鞋帮内，外形与普通平跟鞋一样，但穿着后的人可以“长”高2—3cm。这两种处理，前者是顺从人的生理反应，后者是满足人的心理需求，顺从生理反应与满足心理需求是服装人体工程学中“人—服装”关系的重要内容。

舞台服装人体工程学是服装人体工程学的一个分支，它在服装人体工程学研究系统的基础上，以服装为媒介、人体为条件、表演为目标，构成“角色—服装—表演空间”系统的研究。这里的“角色”是装扮的“人”，戏剧舞台上的一切都是假定，“人”成为“角色”。“服装”是给予角色的装扮物，以具有戏剧性表征的衣饰为媒介，通过穿着来塑造角色。“表演空间”是指角色与服装的规定环境，表演空间既与角色、服装构成关联，也是考核角色、服装绩效的平台。“角色—服装—表演空间”的系统研究，目的于提升戏剧舞台服装的综合绩效，追求艺术性与科学性同步深化，服务于舞台艺术。

舞台服装人体工程学是戏剧影视学科中有关舞台服装系统的新型课题研究，是由服装人体工程学转化而成的创新性提升，是角色服装与舞台表演的延伸研究。它从适合人体的各种要求的角度出发，对服装创造（设计与制造）提出要求，以数量化情报形式来为创造者服务，使设计最大限度地适合人体的需要，达到舒适卫生的最佳状态，它涉及戏剧影视学、人体心理学、人体解剖学、美学、环境卫生学、服装材料学、人体测量学、服装设计学等学科，是一门综合性的学科。

舞台服装人体工程学是服装学科的前沿课题，它是人体工程学的分支学科，是结合专业特性与人体工程学内容而构成的独立系统，目的在于将过去的“角色适应衣服”改变为“衣服适应角色”，从而实现角色与服装、角色与表演空间以及“角色形式美”与“表演功效性”在服装创造过程中的和谐与统一，使舞台服装介质的各个指标与角色的各种人体要求相适应，让舞台服装的艺术成分与表演的实际效能达到最佳匹配。

至今，舞台服装人体工程学在国内属于初创。从现状上来看，要改变舞台服装设计单纯追求形式美的思维模式，任重而道远。我们从以下不同视角及内容的对比（表 1-1），可以看出舞台服装人体工程学的价值。从舞台服装人体工程学的角度出发，从系统关系上去分析舞台、服装、表演空间各个子系统界面的关系，再通过对各部分相互作用与联系的分析，来达到对整体系统的认识。“角色—服装—表演空间”系统是一个动态开放系统，服装与戏剧及人体的种种因素，制约着舞台服装系统中各个要素及其相互关系，只有获得各要素之间的最合理配合才能取得最佳效能。

表 1-1 服装人体工程学渗入舞台服装设计前后的对比

视角	渗入前	视角	渗入后
看	注重形式美，吸收与表现某种艺术风格、展示时尚与流行，形式感强烈，热闹、花哨、主观	穿	包含“看”的内容之外、结构设计的科学性、合理化，有助于肢体的运动，注重肌肤卫生要求，符合人的生理与心理指标，材质与人体要求一致，便利与生活，保养方便，价位适中，时空适应性大
表演性	设计师主观意识强，以“纯艺术”的角度出发，将服装当作绘画与纯精神产品，局限于 T 型舞台及小范围，装饰性高于一切，距离、超凡、排斥	实用性	包含“表演性”成分，注重服装与环境，时空的一致，人的审美能力与物质承受能力，便利、适应性广，结构合理，造型与装饰既有引导性，又有广泛认同性，安全，注重市场接受状况

随着数字化时代的来临，以及社会生产自动化水平的提高，人的工作内容与性质、方式也会发生很大的变化，由人直接操作实施的工作将由计算机来代替，人的作用从操作者变为监控者。瑞士日内瓦大学及瑞士联邦技术学院推出的“GCAD”，能在电脑上通过三维系统获得人、服装、空间穿着效果的检验，由于三维图形可 360°旋转，使人们可以从多角度来观察服装款式，在不同替换环境、不同光源位置、不同色彩调配下的效果，这个先进的设计手段与设计理念预示着舞台服装人体工程学的未来。

第二节　人体工程学在舞台服装中的意义

人体工程学是一门独立学科，它是以心理学、生理学、解剖学、人体测量学等学科为基础，研究如何使“人—机—环境”系统的关系来符合人的身体结构和生理、心理特点，以实现“人—机—环境”之间的最佳匹配，使处于不同条件下的人能有效地、安全地、健康舒适地进行工作与生活的科学。它的理论体系具有人体科学与技术科学相结合的特征，涉及技术科学与人体科学的许多交叉性问题，需人体科学与技术科学共同努力才能促使它充实发展，并最终为这个系统的各部分创造服务。人体工程学在舞台服装中极富价值，科学是实在的，艺术是虚幻的。从内容看，艺术是艺术家思想和情感以某种形式的表达，目的是告诉世人、感染世人、升华世人；科学是为认知宇宙和人类自身所做的实验、分析和推理活动，目的是认识世界、认识自我。从作用看，艺术可以启迪、引导或表达、宣泄人类的思想和情感；而科学是通过认识和发现规律来改变我们周围的世界，让人类生活更便捷、舒适。以牛顿、爱因斯坦为例，牛顿几乎靠一己之力，告诉了我们世界是怎样在力的推动下运动的，力学三定律为欧洲的工业革命奠定了科学基础。麦克斯韦写出了形式上充满了对称和美的电磁场方程，让人类从此进入了无线电的时代。爱因斯坦提出了狭义和广义相对论，告诉了我们宇宙是如何形成和演化的，从而有可能让我们理解“我们是谁，从哪里来，到哪里去”等根本性问题；同时爱因斯坦也告诉了我们，时间不是恒定流逝亘古不变的，时间和空间是一体，爱因斯坦大大改变了人类的哲学观、思想观和世界观；他提出了著名的质能方程，即质量就是能量，从此人类进入原子能时代，拥有的力量强大了百万倍。年轻的玻尔、海森堡们提出了难以理解但又高度符合实验观测的量子力学理论，构成了现代信息社会的理论基础。这些伟大的科学家对世界和人类的思想、生活起到了如此巨大的改造和推动作用，科技是人类进步的力量。

科学技术是生产力，科技代表着未来。人体工程学在舞台服装当中的意义是显而易见的，它是新思维、新技术、新材料在舞台服装上的转化，使效能得以提升。人体工程学能够给予舞台服装一种科学性的思维，艺术性的思维，也赋予舞台服装科学灵性，二者之间的理念相互支撑，互为作用。

人体工程学引发舞台服装创造的新思维，改变舞台服装不仅仅是服装更像某个角色、演员穿上即可的常规理念，而是考虑像这个角色的服装是否具备运动、卫生、舒适并帮衬表演等综合效能。

人体工程学对舞台服装创造的新技术运用具有直接的指导性，如 3D 打印技术为特殊造型的舞台服饰提供了方便；数码印花保证了纹饰复原的高保真效果；数字测量扫描使演员尺寸更加科学。

人体工程学对舞台服装创造的新材料拓展，完全颠覆了传统的纺织品选择理念。关注新材料在舞台艺术中的运用价值及艺术效果，是一种全新创造。如无痕织物与高弹力材料运用到舞蹈服装，3D 打印的新型塑剂使克重得以减轻。

现实中有一个例证，能说明服装与演员形体的关系，本能地要求服装具有人体工效作用：某女演员体型为“挺胸型”，乳房形态为“圆锥状”，她舞台上表现夏日的衬衣，要求前后衣片的长度不能一致，否则给观众的感觉是前短后长，因为该女演员身体形态是挺胸型，一样长就显得前片吊悬、后片偏长，需要前片放长量来保证胸部挺凸的弧线长度，来保证着装效果上前后的相等，这一细节充分说明人体形态测量与造型的关系，即体型与款式造型的一致，就是来自人体工程中的重要内容。人体工程学中的科学测试数据给予舞台服装工作者科学的、系统的指导，提供符合演员及角色需求的创造理念。这里主要以测量指标及“服装—角色—表演空间”系统之间的匹配为主，而不是对服装表面形式美的夸夸其谈。

舞台服装人体工程学广义上指对参与服装行为的演员提供艺术化与人性化成分的创意，自觉主动地按量化指标与科学精神来检验表演空间的着装行为。同时，对舞台服装人体工程学的诸多内容，以设计师的角度来审视，既要遵循规定的科学指标，又不受这些指标的羁绊，将创造的感性成分与科学的理性内容结合，最终实现舞台服装科学性与艺术性的和谐统一。

人体工程学研究对于舞台服装的作用：

（1）为“演员的因素”进行的服装创造提供演员尺寸参数。应用人体测量学、人体力学、生理学、心理学、设计美学等学科的研究方法。对演员身体特征与体表特性进行研究，提供身体各部分的尺寸、体表面积、重心、运动、比重以及人体各部分在舞台活动时的相互关系与活动范围、生理变化、能量消耗、疲劳程度、负荷压力、心理反应等，为全面考虑“演员的因素”提供科学的数据与分析，将这些数据运用渗透到创造中去。体现了现代舞台设计的目的是为演员，强调“用”与“表演”的高度统一，“衣服”与“角色”的完美结合。

（2）为舞台服装或饰件创造中的功能与效能提供科学依据。现代设计中的“产品”如果不考虑人体工程学的因素，那将是功能与绩效检验的不足。只有达到“舞台服装”与角色相关的各种绩效最优化，创造出与演员的生理与心理机理相协调的“产品”，才能完满地体现舞台服装的效能。

（3）为考虑“表演空间因素”提供创造准则。通过演员对表演空间中景、光、道具各种理化因素的反应与适应能力。分析形、色、光、声、热、材料、温度等环境因素对人体生理、心理以及表演效率的影响程序，确定角色在表演空间活动中所处环境的舒适度、安全性及艺术效果，从保证演员健康、安全、舒适、高效出发，为舞台服装创造理念中考虑“空间因素”提供方法与准则。

人体工程学是对于舞台服装的作用，是为创意及体现开拓新思路，提供科学合理的设计方法及理论依据。科学技术进步要求人们更加重视创造中“方便”“舒适”“可靠”“安全”“价值”“效率”“卫生与环保”等绩效的提升与刻意。人体工程学为创造更符合演员的生理、心理及优化和完美的“角色—服装—表演空间”系统提供了科学的保证。

第三节　舞台服装人体工程学的研究内容与对象

从舞台服装人体工程学的角度来看，演员的服装，不论是简便的文化衫或是精工细做的高级礼服，都受到角色—服装—表演空间等多种因素的影响与作用。简便的文化衫穿着十分便捷，其效能取决于演员的体魄和文化衫的质地、成分、织造、克重以及与之相配的舞台着装效果等；高级礼服的效能取决于演员的气质、肤色，礼服的材料、尺寸、做工，表演空间、年代、观众评价、与其他饰件的搭配等综合因素。所有这些因素概括为角色、服装、环境表演空间三大内容，在舞台服装创造过程中，角色、服装、表演空间三者相互关联与影响构成系统，称为“角色—服装—表演空间”系统，这个系统是服装创造的依据，所有创造必须充分体现这个系统的绩效。

在“角色—服装—表演空间”系统中，角色是系统的操作与监控者，起决策及定位作用，角色对整个系统的成效具有关键作用。这里的角色是指演员在舞台上按照剧本的规则所扮演的某一特定人物。要在系统中达到角色优化，必须做到两个方面：①服装应适应不同的角色，不同角色的演员在身体、体型、知识、心理素质、物质条件等方面应有不同要求；②优化系统中的各种成分适合演员形体的各种要求，演员形体各有差异，要求也不同。“角色—服装—表演空间”系统中的服装，指演员所穿戴、支配的一切着装内容，不仅指各类衣服，还包括这些衣服的材料品质、织造手段、整理工艺、成衣方式、穿着方式等，不同类别的服装，其形态和功能千差万别，它们与角色的关系也极其多样。“角色—服装—表演空间”系统中的表演空间，指角色与舞台所产生影响的外部环境条件，它既包括热、冷、压力、辐射、物理成分，也包括各种舞台空间的戏剧情绪。

在“角色—服装—表演空间”系统中，角色和服装的优化效能不仅取决于角色或服装本身的结构与机能，还依赖于“角色—服装—表演空间”三者的匹配。例如，一套外表华丽的连体服，就不便于表演空间的戏剧行动，而且造价高，适合静态展示；再如某个角色拥有一套精工细做的高档西服，造型与色彩也颇为理想，但如果它出现的表演空间是20世纪30年代的贫困山区，反而因服装与空间的错位失去存在价值。因此，一个优化的“角色—服装—表演空间”系统，必须在角色、服装、表演空间三者之间具有和谐匹配关系，研究这个系统的合理性，使之匹配而达到最佳效能，使系统中的角色在服装行为上更加美观，舒适、卫生，它是舞台服装人体工程学的基本要求。

舞台服装人体工程学内容中对演员保护作用的强调，应该受到重视，对它的研究内容也越来越丰富，从注重经验逐渐转向科学、合理。它的主要研究内容有以下几个方面：

（1）分析装扮者人体形态与运动机构、心理和生理机能。从装扮者身体各个部位的骨骼、肌肉及皮下脂肪生长差异造成不同的外表特征来关注，从而判断出不同的体型。舞台服装是否合乎装扮者的身体形态与体型，将会直接影响角色着装的舒适性、运动范围及外形美观。同时，包括尺寸的科学性。从服装设计的角度去了解装扮者的人体基本结构，将人体的体表与服装定型相联系是舞台服装人体工程学对创造者的基本要求。

（2）人体与服装卫生学的关系，涉及皮肤与服装材质的生理反应、服装压力、服装污染、服装静电等，尤其是戏曲服装的问题卫生性，一直是个问题，这直接涉及演员对表演服装的舒适性及卫生性评价。

（3）人体与服装材料学的关系、种类及高科技材料对服装人体工程的价值。人体与材料的适合性、材料与式样的协调性，表演空间与人体热交换在服装中的作用。

（4）服装造型量变与角色服装造型的关系，如何做到人体体面与角色塑造要求的款式结构相对应，服装细节与装饰工艺及观众对舞台整体色彩的心理反应等内容。

（5）人体形态测量与演员“单量单裁”的关系，涉及主要演员与群众演员不同的尺寸设定方式。数字化的服装 CAD 三维空间如何服务于舞台。

（6）演员特殊形体与角色塑造的关系，涉及如何通过服装来修形，弥补形体的不足。

（7）服装与表演空间中的风格、景、灯光的各种关联。

第四节 “角色—服装—表演空间”系统界面关系

舞台服装人体工程学有着独特的系统，这个系统因与戏剧艺术密切联姻而显得更有特性。舞台服装人体工程学系统界面关系的绩效，体现在系统之间的科学与合理，需要相互的匹配及递进来实现功能与价值的提升。舞台服装人体工程学的系统界面是“角色—服装—表演空间”三者之间关系的链接。舞台服装人体工程学的系统关系有着它的独特性，它是建立在人体工程学、戏剧学、服装学、材料学、美学、设计学等学科基础上的，以角色为出发点、服装为媒介、表演空间为绩效检验的归宿。

一、“角色—服装—表演空间”界面结构

舞台服装人体工程学研究角色、服装、表演空间之间的关系，此系统中的角色、服装、表演空间，结构上既是一个系统又分别自成系统，各有着自身的结构，也就是包含这样或那样的子系统。例如，系统中的角色既有演员形态、运动结构、体型、肤色、性别等生理因素，又有装扮、性格塑造、气质、仪态等艺术要求，它们均有构成子系统的条件。可见，角色是一个复杂的系统，由许多子系统构成。服装也是由不同部分组成的，各类角色的着装效果也包括许多子系统，像不同身份、不同年龄、不同时代、不同风格、不同剧种等等。

在“角色—服装—表演空间”系统中，三者之间时常只有其中的某种子系统或子系统中的某些组成部分之间直接发生关联作用，这个直接发生关联、牵制、影响、作用的部分称为界面。

“角色—服装—表演空间”系统界面，直接与角色发生作用，从人体工程学观点所构建的界面关系结构能说明这些关系。这个关系表示以下内容：①角色是系统的主宰者，处于系统中心，服装与表演空间都要考虑角色的因素，服从角色的需求；②角色、服装、表演空间系统的构成包含演员、衣服、着装、舞台四部分；③系统中包含着三类界面关系，一类是直接与角色构成的界面，即角色与衣服界面、角色与装扮界面、角色与表演空间界面；另两类是衣服、着装、表演空间三者之间界面，即衣服与着装界面、衣服与表演空间界面、着装与表演空间界面，这一类界面对角色的作用较为间接；第三类界面是系统组成的内部界面关系，体现为服装与服装界面、装扮与装扮界面、表演空间与表演空间界面、角色与角色界面。舞台服装人体工程主要研究第一、第二类界面中角色与服装、表演空间之间的界面关系 (图 1-1)。

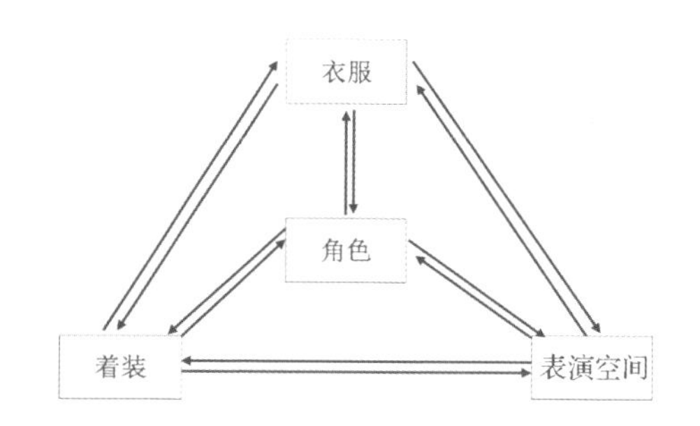

图 1-1　“角色—服装—表演空间”界面结构模式

二、角色与衣服界面

直接与角色发生关系的衣服（戏装），在决策、设计、制造中首先要考虑角色的因素，与剧本、剧种规定的角色塑造相匹配，通过服装使角色在形象塑造上得到身份的传达，肌体上满足于运动、舒适、卫生。例如，舞蹈服装的特性必须适合四肢大幅度的运动，否则，就会妨碍演员在表演空间中的运动。舞台上许多不尽人意的服装都是由于衣服界面与角色规定性不匹配而造成的。例如，装饰层次比较复杂的服装没有在制作上合成一个整体，既增加了演员穿着的麻烦，更需要过多的抢装时间来保证，在服装管理上也增添了工作量。舞台服装与角色的界面关系，不同于生活服装，有着它自身的专业独特性，角色与衣服界面提出了这个必须重视的问题。

三、角色与装扮界面

装扮与服装的区别在于前者指服装在演员身上为塑造角色发生的行为，而后者只是一件戏装。在角色与装扮系统中，角色通过服装产生信息交换，除了必须依靠服装界面外，还要依靠演员的着装界面，也就是舞台服装创造者与演员要懂得角色装扮的法则，包括如何选择、搭配、配置、增减、对比、协调等着装界面。对于舞台服装设计师来说，手中一根线条、一块色块、一种材料都应符合角色的装扮要求；对于装扮者来说，应注重把握准角色的性格、品位、职业、年龄等塑造属性，注意装扮后的实际舞台效应是否符合假定角色的形体、气质、肤色等综合内容。角色与装扮界面关系要求创造者考虑戏剧角色装扮的知识、经验、习惯、文化背景等各种因素，使装扮界面产生最佳效应。

四、角色与表演空间界面

舞台服装人体工程学中的角色与表演空间界面，指演员一经装扮而置于表演空间后所呈现的舞台媒介总和。体现在角色与表演空间关系上，即所谓的装扮与舞台环境两方面。任何装扮与服装系统都处在一定的表演环境中，它们的关系与效能不能不受舞台因素的影响。角色与表演空间关系上，角色更容易受表演空间因素左右。角色的前后、位子、组合总是受戏剧舞台调度的安排；角色的强弱、主次总是受编导的设计；角色装扮上的或艳或俗、或富或贫受设计的创意支配。

五、角色与角色界面

在“角色—服装—表演空间”系统中，角色作为主宰者和操纵者，不仅与服装、表演空间发生作用，还与不同地位、不同角色之间发生相互作用。在单个角色上，作用可分纵向与横向两个界面：纵向界面上，角色服装必须清晰地揭示戏剧过程，如从小到大、从贫到富。横向界面上，角色服装必须与同一表演空间中角色服装构成明确的戏剧关系，如君臣之间、兄弟之间、敌我之间。就舞台服装的角色与角色界面而言，不同题材、不同剧种、不同演出样式也会在舞台效能上体现出复杂的角色与角色界面关系。因而，从舞台人体工程学的角度来看，“角色—服装—表演空间”系统中的角色，不可把它看作只是装扮后的人，必须同时看到它是戏剧的人。

舞台服装适合演员身体的需要及角色对服装的要求、被要求的服装与表演空间的优化包含以下内容：

（1）适合演员身体需要的第一标志是舒适感与满意度。被要求的服装也就是经过表演主创们经营后的服装，不仅能遮盖及修饰身体，舒适、满意是更高的境界，如果创意及设计在结构、材料、尺寸上不匹配，均难以使表演者在舞台上身体各项指标达到舒适状态。例如，用于身体大幅度表演的服装，要少用腰带，目的是增加空气上下对流的可能，使散热排汗更畅通；内衣材料以棉纤维与莱卡（Lycra）或斯潘德克斯弹性纤维（Spandex）混纺加上抗菌保洁处理最佳，既有卫生性又有矫形性。

（2）适合演员身体需要的第二标志是有益演员健康。表演系统中演员身体健康通常被忽视，日常在表演过程中演员受服装的影响是显而易见的。例如，服装的压力不能超过演员人体的承受力，紧身牛仔裤、橡筋腰带与袜口，对身体的供血及皮肤的呼吸均不合乎卫生学指标。在舞台服装适合演员身体的优化工作中，必须消除这些有碍健康的因素，至少把它们限制在不致危害表演者健康的最低限度。

（3）适合演员身体需要的安全性。舞台服装安全有两层内容：其一，是服装在非安全因素的舞台环境中要有安全警示作用，如舞台工作人员的安全色与反光标识运用。其二，是舞台服装的安全因素需要渗透于设计之中，如儿童剧的服装少使用金属拉链与系带。经常因为服装因素，小演员身体被伤害。舞台服装中的非安全因素一直未被重视。

（4）适合表演项目需要的效能性。服务表演的服装及项目优化，与服装效能有密切关系。舞台服装同样存在成本与产出的效益问题。例如，发泡材料的运用大大节约了盔甲、头盔的制作成本；仿大缎取代真丝面料使成本降低；既保暖又吸汗的“南极棉”充填物为角色塑造提供优良配置，从而让演员行动上更加便捷轻巧，并改变臃肿的外观。

舞台服装人体工程学是一门以人为中心、服装为媒介、表演空间为条件的系统工程学科，研究服装、表演与角色相关的诸多问题，使它们之间达到和谐匹配、默契同步。

第五节　舞台服装人体工程学回顾与展望

自人类有表演活动以来就有舞台服装。舞台服装人体工程学作为人体工程学的分支，它受人体工程学的内容规定与制约。人体工程学中新理念、新信息、新方式的植入使服装更具科学性，而舞台服装人体工程学的提出，也拓展并丰富了人体工程学的内容。

舞台服装人体工程学的基本问题——角色与服装的关系。如人类服装历史一样古老，从本能的遮羞与装扮行为开始，表演者总是在不断地探索合理解决身体与服装的关系问题。我们以西方舞台服装中的“紧身胸衣”为例，可以看到人类自觉地或不自觉地运用人体工程学中注意人与服装关系不断完善、匹配的印记：16 世纪初的紧身衣（Stays）塑造曲线是用金属条或鲸骨做骨架，再用系带束紧；19 世纪的紧身衣（Corset）用轻薄弹性布料来修形；20 世纪 40 年代的紧身衣（Girdle）开始出现按胸、腰部位形体曲线来修身的结构，这一系列的“禁锢式框架→弹性布料→按人体结构造型”演变，充分说明人类的服装行为中不断注重人体工效的要求（见图 1-2）。

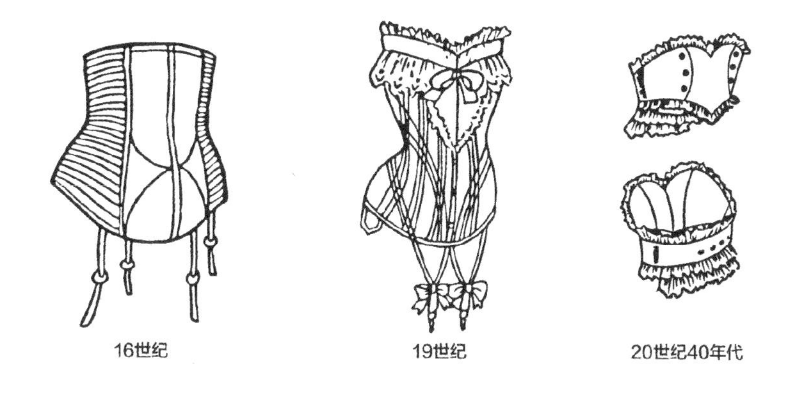

图 1-2　金属支架 ⟶ 弹性材料 ⟶ 按人体结构塑形的演变

早在 20 世纪 20 年代德国画家、雕塑家、舞台美术家施萧默就试图以人体作为支架来设计，其中《三人芭蕾》（见图 1-3），通过服装把演员变成抽象的几何形体，试图创造抽象的舞台效果。人体与表演、表演与角色塑造、角色塑造与表演空间的意识在历史上早已被关注。

图 1-3 《三人芭蕾》服装造型图（图片来自网络）

以中国戏曲服装中强调动作为例，它的演变过程也是在不断服务于表演上，也就是可舞性。戏曲服装系统的动作既是造型更是角色行当的传达，它具有配合演出、传达情绪的价值。“动”，从字面上看，就是可以跳动、舞动的意思，指服装经过特殊的艺术加工后，可以舞动并且舞得很美。传统戏曲表演是歌舞化的表演，为了帮助演员舞得起来，对生活服装加以改造。从生活中的铠甲变成舞台上的靠，就是一个明显的例子，靠的各扇甲片以及背后的靠旗都可以舞动，开打起来四下飘荡，从而加强了舞姿的美。还有如帽翅上加弹簧、衣袖上加水袖等等，也都是为了演技的发挥。戏曲服装中水袖表演有这么一个经典传统例子：众所周知，水袖并不存在于日常服饰中，然而在戏曲表演中，水袖则是演员们借以展示表演的功夫和传达不同情绪，以及展露戏曲人物内心的重要服装部件，以潇洒灵动的水袖挥舞来塑造出美轮美奂的人物形象，营造出令人难以忘怀的美好意象。尚小云在《乾坤福寿镜》中创造的胡氏一角（见图 1-4），因失子而惊疯，而且是由正常转为疯病。尚小云推崇武戏，他借刀马旦的表演刚劲有力，表演幅度夸大，化入青衣角色之中以显示其疯态，就是借用长度较大的双层水袖，往怀里一抖再突然拢向丫鬟寿春头部，寿春猛低头，胡氏双手倒抄水袖，双手交叉抖起水袖，左右翻飞如同两朵白蝴蝶，随着身子转动，然后扑向寿春，结合场面鼓键子起“丝边”“嘟——嘣登仓”，在这当中再双袖翻起，一袖护头，一袖外翻与寿春亮高低相，最后急速双下场。这场惊疯的表演称之京剧旦行之步，只此一家，别无分号，可以说水袖成就了角色表演。戏曲现代戏中，服装仍然可以作为辅助表演的工具，例如河南豫剧《焦裕禄》中的军大衣（见图 1-5），形同传统戏曲的外披，动感中随着演员的肢体来强化内心情绪，展现心理节奏。因此，现代戏中我们同样可以找到现代服装对应戏曲表演的表现方式。演员塑造人物是一种意象创造，性格、品格、气质的体现，一是靠自身的语言、唱腔、形体动作；二是有赖于服装的辅助和衬托。戏曲服装犹如一张放大了的脸，可以被演员“动”出喜怒哀乐，这就是戏曲服装“动”的深刻内涵。在戏曲表演基本功里，与服装相关的有水袖功、翎子功、帽翅功、靠旗功、跷功。在戏曲表演艺术家的手中，服装的大部分都是可以用来表演的工具。对于戏曲服装，创造者们从“可以舞动出情感”的特殊要求出发，提炼出一系列特殊的形式美要素，既表现气质，又传情达意。戏曲服装的冠的尺寸调整，在头箍上用插入式结构；腰带的尺寸调整，用松紧带或者尼龙黏合带。所有这些充分说明舞台人体工程学的内容早已初具雏形。

图 1-4　尚小云在《乾坤福寿镜》中创造的胡氏一角（图片来自网络）

图 1-5　豫剧《焦裕禄》中的军大衣（图片来自网络）

第六节　舞台服装中的人体工程学研究方法

舞台服装人体工程学是一个全新概念，多学科融合与跨界是它鲜明的构成特征，为舞台服装艺术与科学的未来提供服务。

服装人体工程学研究涉及“角色—服装—表演空间”系统中对各个界面的科学分析，阐述的研究方法主要针对舞台服装的从业者。角色、服装、表演空间关系，关联到戏剧学、服装设计学、生理学、心理学、测量学、材料学、美学、卫生学等学科，科学地将这些学科关系的各种因素提取出来为我所用，有着研究方法的效能问题，很大程度上取决于具体研究对象的性质与目的，对舞台服装从业者来说，需要本学科知识结构的涵盖，因为这些知识结构中某方面会直接影响到舞台服装的终极绩效，在舞台服装创造过程中要与各个学科内容产生联系，在取舍中求最佳效应的获取。

一、客观性原则

舞台服装设计中人体工程学研究方法的客观性原则，指舞台服装从业者在从事创造活动中，必须坚持按服装与角色、表演空间的界面关系去反映、协调它所固有的内在规律性，它是多个学科群体建构的产物，即一个特定的学科所构成的共有认识，是一种跨越个人范畴的概念，是个体与个体在群体层面上经过时间所达成的共识。“客观”所包含的内容其实被主观地塑造着，不过可以视为在许多“主观”作用下的综合效果。客观还是一种探讨现实世界本质的观点，认为真实存在于个体经验之外，存在于个体的感官，理解，想象之外。

研究方法中的客观性原则，可以分物理性与艺术性两方面进入。物理性是分析舞台服装的颜色、形态、结构的性质，如厚薄度、炫耀度、牢度、静电性、舒适性、弹性等，通过感知或者仪器测知来获得数据，这些属于物理性。艺术性是指分析舞台服装所表达的思想感情与美学程度，艺术性作为对一台舞台服装作品艺术价值的衡量标准，主要是指在艺术处理、艺术表现方面所达到的完美程度，包括艺术形象的鲜明具体性和典型性、是否呈现出戏剧情节的生动性和冲突性、是否在设计结构严谨而且完整，以及舞台服装艺术语言在表演空间中对应剧目题材与剧种样式的准确性和鲜明性，更深层次的要求是精准性、多样性及艺术表现的民族性和独创性。

舞台服装从业者首先应具备戏剧、服装这两门最基本的才识，舞台服装创造中的通病是一味偏重服装形式美部分，按个人主观愿望与理想去解释角色服装行为，时常出现服装与角色要求不符，孤芳自赏或不被观众理解的境地。也有只注重戏剧形象的塑造而忽略服装的科学特性。客观地进行研究，必须做到对涉及的各种因素与条件进行全面、具体地考虑，包括角色塑造与表演空间的实际效绩与演员身心指标的测试。例如，对演员身体形态的研究，不仅要了解男女演员性别体型差异，还应掌握体表与造型、肢体运动范围、人体各部位形态与舞台环境等客观量化的数据。如舞台服装的竖开领为什么要比生活服装低；传统戏曲服装为什么要有水衣彩裤；盔帽的内箍为什么要用海绵。客观是按一定的原则与程序存在的，舞台服装从业者有意识地强化这个客观要求，来发挥更大作用。另外，注意客观条件变化而不断完善和深化，像演员的身高、体型由于AB角等综合因素，会有新的变化。而市场上面料的开发更是日新月异，所有这些值得舞台服装从业者密切关注。

舞台服装人体工程学研究的客观性把握，可通过以下方法和手段：

（1）对相关学科知识结构的全面理解。把握基本系统关系、功能、数量、参数，努力通过实践去验证这些内容。

（2）观察法。通过客观记录各类舞台演出的服装效果及观众反应。例如，为什么人们热衷于某一台戏的服装，它的成功在角色—服装—表演空间系统界面中处于什么优化的指标及状态；观赏不同剧目的舞台服装，分析它的系统绩效及与系统关系不匹配的所在。

（3）调查法。通过专家访谈或了解相关部门的信息，来获取舞台服装从业者的各种主观感受，以便完善、修正自身的不足。

（4）实验与测量法。对舞台人体工程的各个部分进行科学实验，控制各种无关因素，并改变某些不利的变量而作出因果推论。如测量法主要研究演员的身体比例、形态等方面，测量的目的在于研究不同的身体差异点并为服装创造的绩效服务。

二、系统性原则

舞台服装从业者在研究舞台服装的人体工程学内容方面，要把研究的某个部分、某个对象放在系统中加以研究分析。这里可以运用20世纪40年代形成的系统论、信息论等科学理论，它给舞台服装人体工程学提供了新思路。正因舞台服装人体工程学是由角色、服装、表演空间三大要素构成整个系统的，所以各要素之间存在互相制约、相互协同的关系，整个系统的效能不同于各要素效能的简单相加，三者之间又构成各自的系统，各有自己的有机组成内容。例如，角色服装效果图的类别、风格；面料选择中的原料、织造结构、整理工艺、适用范围。舞台服装研究中的系统不是孤立的，环环相扣。角色、服装、表演空间的界面关系相互联动，后者为前者服务，尽管它们在部分关系上独成系统，但在整体系统中相互协同。

舞台服装研究中把握系统性原则，目的在于找到各个界面层的内在规律，有时偏重某一部分系统，有时又牵涉另一部分系统。如舞蹈服装中对氨纶材料的研究，实践的断裂程度 1∶5 00 是物理检验的内容；归纳于高弹材料属材料学分类内容；适用于紧身合体造型及服装收口部位属于造型内容，这三个不同的内容充分反映了它们之间部分界面层的系统关联形态。系统化原则中，系统内容没有绝对的大小、主次，关键取决于审视的角度及运用的对象。以系统观点来研究“角色—服装—表演空间”系统，能全面立体为更具效能的舞台形象塑造服务，在关联与制约中去实现整体优化原则。

系统性原则无论针对哪个子系统，均应从“角色—服装—表演空间”的整体出发，从整体的视觉高度来分析各子系统的性能及相互关系，再通过各部分中相互作用与关系的分析来达到对整个系统的再认识。角色、服装、表演空间是一个动态开放系统，不仅各子系统之间存在能效的交流与流通，而且作为一个系统，它还处于社会系统的影响之下，必须统筹兼顾来寻求各要素之间的最合理配合。像人体测量学中服装尺码规格分类，单体测量与统计参数仅是一个客观记录，它必须以考量演员不同运动需求来为戏衣制作服务，并被演员穿着后检验，才能看出它的能效价值，它既在各子系统之间独立存在，又在大系统中互换流动，对于实现系统配置的和谐价值有重要意义。

系统性原则构成内容的研究对于舞台服装创造来讲，科学的视角可归纳为：以注重人体工程的价值，从人体工程的角度来审视设计，在设计与服装、服装与角色、角色与表演空间、表演空间与剧目的各个客观、系统的界面关系上协调同步。

【思考题】

1. 什么是舞台服装人体工程学？
2. 人体工程学在舞台服装中有什么意义？
3. 学习舞台服装人体工程学的目的是什么？
4. 如何理解“角色—服装—表演空间”的系统界面关系？
5. 掌握舞台服装中的人体工程学研究方法有什么作用？

第二章
舞台服装界面中的人体尺寸测量

第一节　演员形体与尺寸测量

角色造型中的演员形体尺寸测量是舞台服装人体工程学的重要内容。“角色—服装—表演空间”系统工程中，角色是第一要素，角色由演员担当，由演员装扮，演员是承载服装的人台。演员装扮的服装在角色关系及表演空间系统中，有一系列关联指标，演员形体及尺寸参考量的科学性及艺术性是首要成分。出自服装舒适、合身、提高人体机能的工学要求，需要有确切的人体参量来为服装创造作保证，否则不可能使人体与服装合理匹配，舞台服装人体工程学同样如此，而且在运动要求上比常规服装更强调。

舞台服装人体测量所关注的人体参量，与广义的人体工程学有所不同，它偏向于演员的表演，艺术的成分比较鲜明。它包括人体尺寸、体表围势、人体高度、宽度、人体的物理特性（生理属性，如体温、发汗、呼吸）的考量与测定。演员形体尺寸测量主要介绍演员身体体表尺寸与运动量的估价，直接由服装形态而承载的数据参量来完成前期服务，目的于切合表演，提高服装在表演空间中的品质与效益。

人体测量学属于人类学的分支科学，通过人体的测量来探讨人体的特征、类型、变异与生成，它对人机工程都有很大的实用价值。应用人体测量数据来设计产品，包括人体所涉及的艺术科学，使设计创造更切合人的运用及效益提升，舞台服装概莫能外。

至今为止，国际上的人体测量以马丁测量法和莫尔拓扑测量法两种为常用方法，这两种方法各有所长。马丁测量法（Martin）是国际认同、应用最广的一种直接接触人体的测量方法，表现在对人体体表各部位骨点之间的线性尺寸，用各种测量器，如直脚规、弯脚规、直脚式平行规、测高仪、附着式量角器、皮尺、水平定位针、关节活动度测规等来完成。莫尔拓扑测量法是20世纪70年代发展起来的一种新的光测方法，它是由美国的米托斯（D．Meadows）和日本的高崎宏于1970年创立的。此方法的原理是根据两个稍有参差的光栅（帘子似的格子）相互重叠时产生光线几何干涉，从而会形成一系列含有外部形态信息的云纹来进行测量，它是一种非接触性的三维立体计测方法。马丁测量法的一维计测方法，可以定量地正确表现乳房、躯干的形状和大小。马丁测量法是直接测量法，是服装设计师最为实用的计测方法。尤其在定制服装中，通过直接的人体尺寸测定，可以将所测的数据资讯（参量）运用到设计、制作中去，使服装与人体在参量上合理配置；另外，对批量的服装生产，可以将测量的人体尺寸进行统计，再按体型分类，最后得出不同参量的尺码档次而服务于生产。舞台服装上的人体测量有着它的独特要求及规定，这是舞台服装功能的制约。其一，舞台服装的艺术绩效（角色塑造）大于生活服装。其二，舞台服装对尺寸要求比生活服装更强调行动。

一、人体测量要求

人体尺寸有两类，一类是静态尺寸，也称人体结构尺寸；另一类称动态尺寸，又称功能尺寸。对于服装的人体测量尺寸，一般以静态尺寸为主，有以下一些测量要求。

1. 基本姿态：被测者采用立姿或坐姿

（1）立姿：被测者挺胸直立，平视前方，肩部松弛，上肢自然下垂，手伸直并轻贴躯干，左、右足跟并拢而前端分开，呈 45° 夹角。

（2）坐姿：被测者挺胸坐在被调节到腓骨头高度的座椅平面上，平视前方，左、右大腿基本平行，膝弯成直角，足平放在地面上，手轻放在大腿上。

2. 测量基准面

在人体测量时，为了说明人体各部位在空间的相对位置以及某项测量是在哪一个基准面上进行的，无论是体宽还是围势。对人体测量中常用的几种基准面有如下规定。（见图 2-1）

（1）正中矢状面：人体分成左、右对称的两部分，是人体正中线的平面。

（2）矢状面：所有与正中矢状面相平行的平面（切面）。

（3）冠状面（亦称额状面）：与矢状面成直角的，把身体切成前后两半的面。

（4）水平面：把身体切成上、下两半并与地面平行的面。

（5）穿内衣的被测者：如果是穿内衣测量，女性应去掉胸罩，男性应穿紧身三角裤。

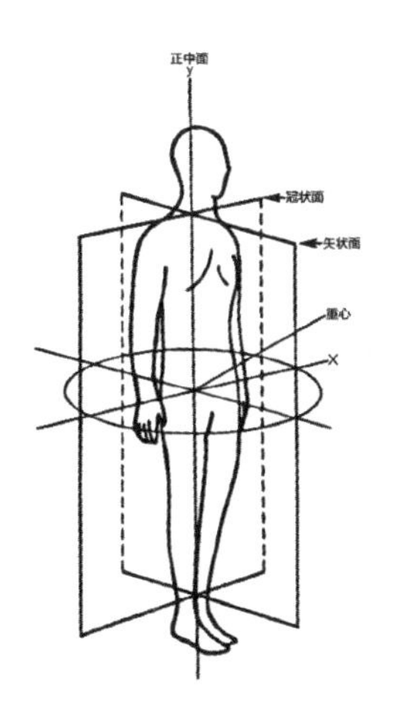

图 2-1　人体的测定基准面

二、体部高度的测量

体部高度的测量以立姿、坐姿为主，立姿与坐姿方法按前面测量要求。

1. 按图 2-2 逐项分析正面立姿高度

① 举手时人体总高度。中指指尖上举，与肩垂直；

② 中指指点上举高度；

③ 颈根高；

④ 肩峰高；

⑤ 腋窝前点高；

⑥ 乳头高；

⑦ 髂嵴高；

⑧ 大转子高；

⑨ 中指指点高；

⑩ 中指尖高；

⑪ 膝高；

⑫ 腓骨头高；

⑬ 耻骨联合高；

⑭ 脐高；

⑮ 胸骨下缘高；

⑯ 胸骨上缘高；

⑰ 颈窝高。

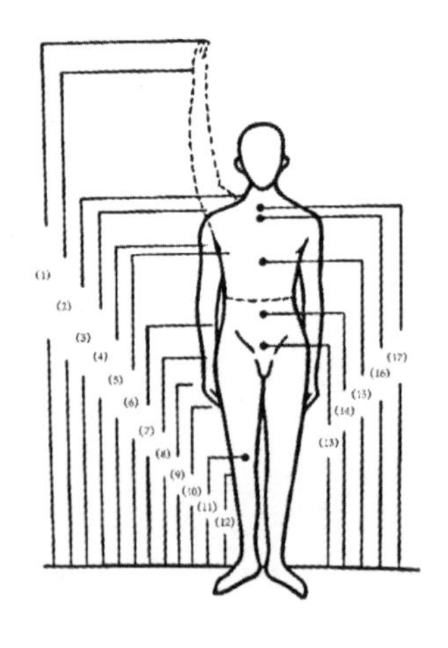

图 2-2 体部高度的测量

2. 按图 2-3 逐项分析侧面立姿高度

① 身高；

② 鼻根点高；

③ 眼高；

④ 耳屏点高；

⑤ 颏下点高；

⑥ 颈点高；

⑦ 肩胛骨下角高；

⑧ 肘尖高；

⑨ 桡骨头高；

⑩ 髂前上棘高；

⑪ 桡骨茎突高；

⑫ 尺骨茎突高；

⑬ 会阴高；

⑭ 小腿肚高；

⑮ 臀沟高；

⑯ 最小腰围高。

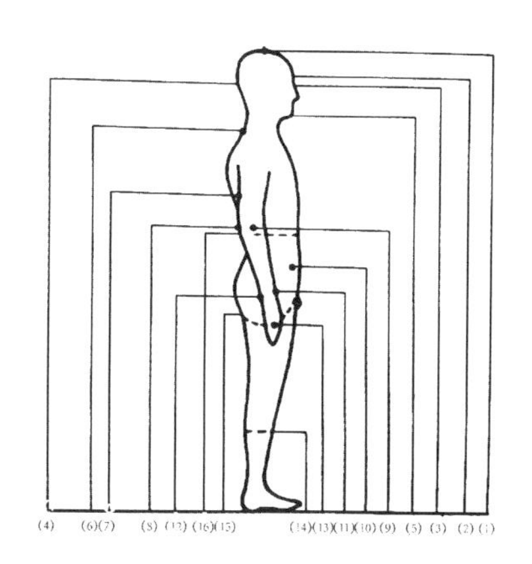

图 2-3　侧面立姿高度测量

3. 按图 2-4 逐项分析坐姿侧面高度

① 坐姿头后点高；

② 坐姿眼高；

③ 坐姿颏下点高；

④ 坐姿颈点高；

⑤ 坐姿肩胛骨下角高；

⑥ 坐姿肘高；

⑦ 坐姿大腿厚径（坐姿大腿

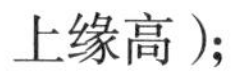
上缘高）；

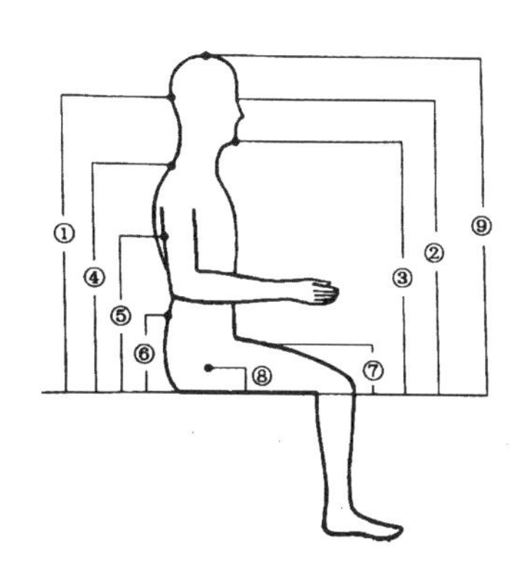

图 2-4　坐姿体部高度的测量

⑧ 坐姿大转子高；

⑨ 坐高。

4. 按图 2-5（1)、图 2-5（2）逐项分析坐姿测量

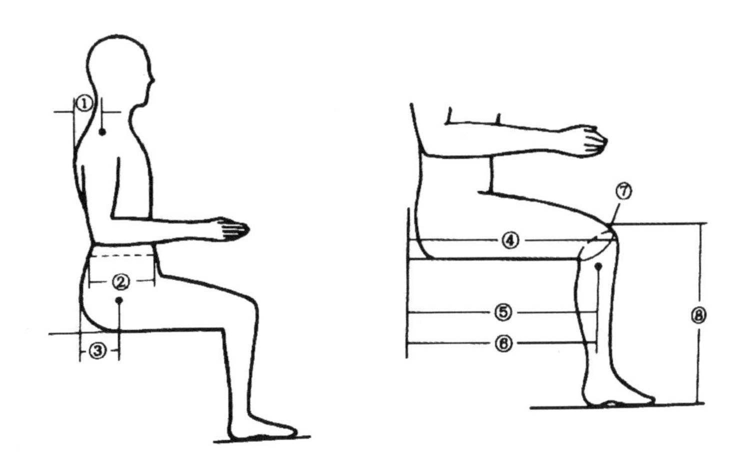

图 2-5（1）坐姿的测量　　图 2-5（2） 坐姿的测量

① 坐姿背—肩峰距离；

② 坐姿腹厚；

③ 坐姿臀—大转子距；

④ 坐姿臀—膝距；

⑤ 坐姿臀—小腿肚后缘距；

⑥ 坐姿臀—腓骨头距；

⑦ 坐姿膝围；

⑧ 坐姿髌骨上缘高。

5. 按图 2-6 逐项分析坐姿的下肢长测量。

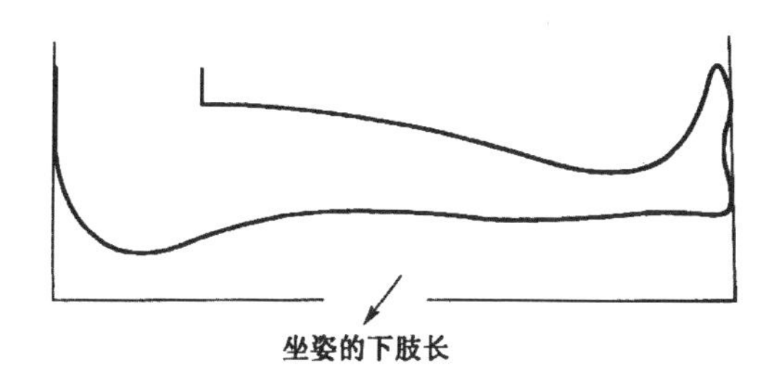

图 2-6　坐姿的下肢长测量

三、体部宽度与深度的测量

1. 按图 2-7 逐项分析人体宽度测量

① 最大体宽；

② 最大肩宽；

③ 肩宽（肩头点位置）；

④ 颈根宽；

⑤ 腋窝前宽；

⑥ 胸宽（乳头点水平面上）；

⑦ 乳头间距宽；

⑧ 最小腰围处宽；

⑨ 骨盆宽；

⑩ 臀宽。

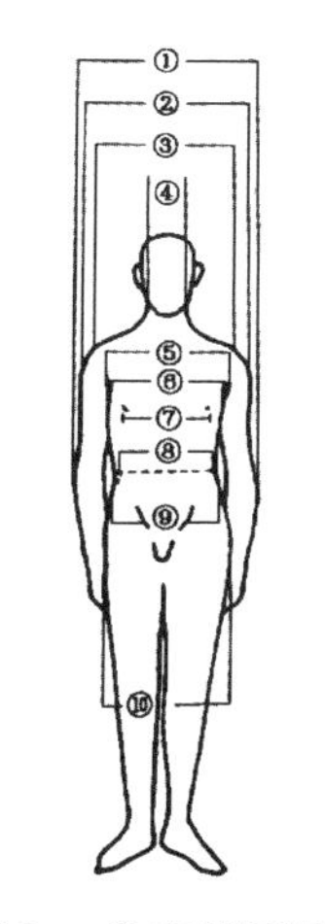

图 2-7 体宽的测量

2. 按图 2-8 逐项分析体部深度测量

① 胸厚；

② 胸深；

③ 腰厚；

④ 腹厚；

⑤ 臀厚。

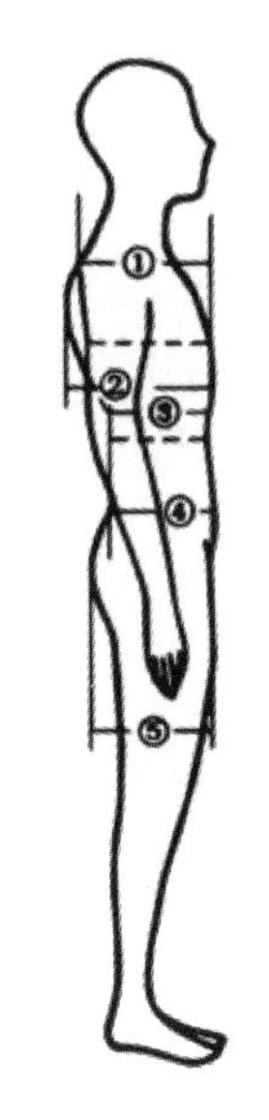

图 2-8 体部深度测量

四、体部围度与弧长测量

1. 图 2-9 人体与服装有关的周径内容（水平围长、软皮尺量）

①颈围；

②颈根围；

③ 躯干垂直围；

④ 上胸围（凡是测胸围时，应保持平静呼吸）；

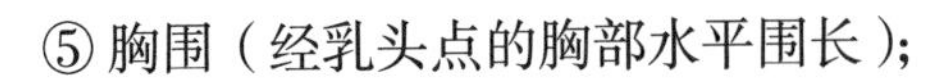

⑤ 胸围（经乳头点的胸部水平围长）；

⑥ 下胸围（经胸下点的胸部水平围长）；

⑦ 最小腰围（腰部最细处，在呼气之末、吸气未始时测量）；

⑧ 腹围（在呼气之末、吸气未始时测量）；

⑨ 臀围（臀部向后最凸位的水平围长）。

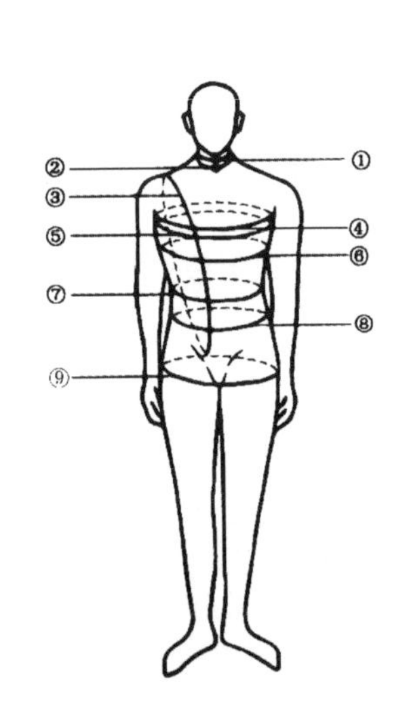

图 2-9 人体与服装有关的周径内容

2. 图 2-10 为上肢围度测量

① 上肢长（用圆杆直脚规量）；

② 腋窝至颈突距离（用圆杆直脚

规量）；

③ 上肢根部厚度（用弯脚规量）；

④ 上肢根部围；

⑤ 腋窝部位上臂围；

⑥ 上臂围；

⑦ 前臂最大围；

⑧ 腕关节围。

3. 图 2-11 为下肢围度测量

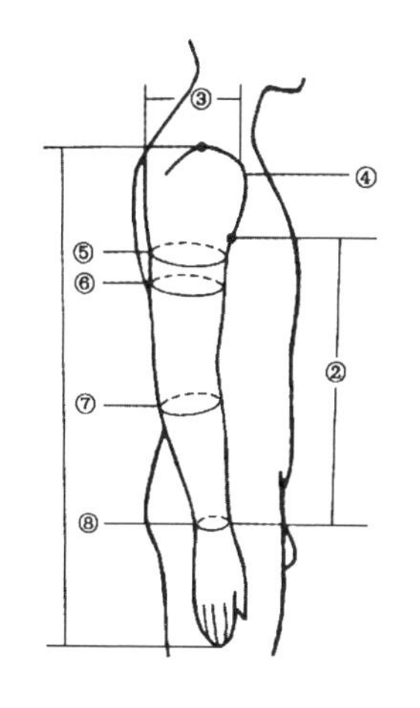

图 2-10　上肢围度测量

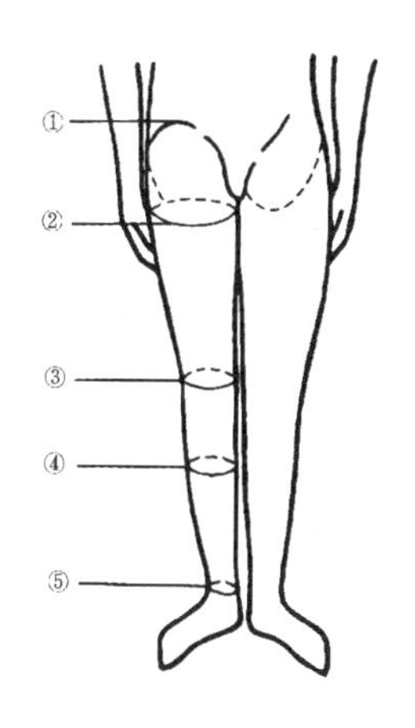

图 2-11　下肢围度测量

① 下肢根围；

② 大腿最大围；

③ 膝围；

④ 小腿最大围；

⑤ 小腿最小围。

五、作为度身定制的个体测量

服装度身定制的常规测量内容是为了使服装制作更合体，需要通过测量在人体各部位求得准确的人体尺寸数据。个体测量的对象明确，是指定的“这一个”。它与人体工程学要求的人体测量既有共同点，也有不同处。共同点在于均借助于工具（测量器具）对人体进行长度、宽度、围度、深度的测量。不同点在于人体工程学要求的测量为获得人体参量而应用于更广泛的产品设计，如通过普测归类得出服装尺寸大类的档次范围，而为批量生产及指导消费服务。而个体测量是为度身定制服务，测量内容有侧重点，以长度、周径为主，再根据这些长度与周径结合设计造型，考虑尺寸上的大小、松紧、放收等空间量布局，使服装尺寸与指定对象的人体保持匹配。为常用的度身定制测量内容。舞台服装属于个体测量，是对各位演员人体形体与尺寸的特殊收集，为设计制作服务。（图 2-12）

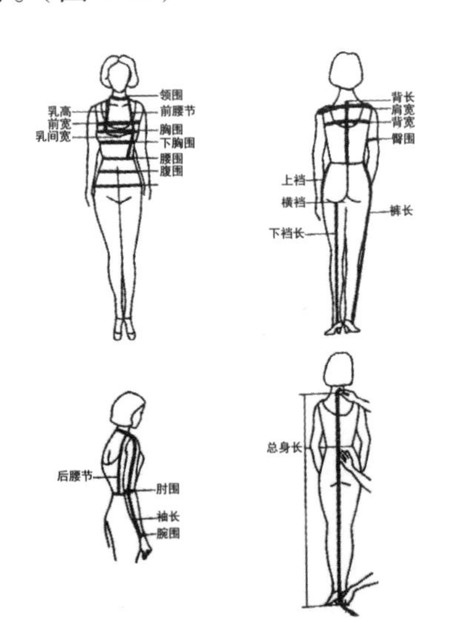

图 2-12　服装度身定制的常规测量内容

1. 常规测量条件

①穿紧身衣的年轻女性、静态直立；

②工具为软卷尺（皮尺）；

③计量单位 cm；

④记录笔与纸不限；

⑤卷尺松紧程度以既不束紧也不掉落为宜。

2. 测量内容

①胸围——经过乳尖点水平环绕胸部一周；

②领围——经过颈中心点水平环绕一周；

③乳点高——自侧颈点至乳尖点的长度；

④前腰节高——自侧颈穿过乳点至腰围线的长度；

⑤前胸宽——左右前腋点之间的尺寸；

⑥乳间宽——左右乳尖点之间的尺寸；

⑦乳下围——水平环绕乳房下缘位置，也是购买胸罩时的必要尺寸；

⑧腰围——水平环绕腰部最凹处的尺寸；

⑨腹围——在腰围与臀围线中央，于肠棘点正上方来测量。臀部形状因腰骨高挺程度与脂肪贴附量有所不同，因人的体型、发育而异，此围度必须测量；

⑩臀围——在臀部最高处，水平环绕一周；

背长——颈围后中心点至腰际（腰围）中央的尺寸；

肩宽——左右肩端点之间的宽度（必须经过颈后围中心点）；

背宽——背部左右后腋点之间的尺寸；

臂围——在上臂根部最粗处水平环绕一周，尤其对于手臂粗的人来说，更需测量；

上裆——自腰围线至臀围线的长度；

裤长——自侧面的腰围线经过膝部量至脚的外踝点为基准，按设计师所需长度来决定；

下裆长——臀沟至足踝的长度；

膝长——自腰中间线至膝盖骨中央的长度；

后腰节——自侧颈点经过肩胛骨量至腰围线；

袖长——自颈后围中心点经过肩点，顺沿自然下垂的手臂量至手腕，按设计师所需长度来决定；

肘长——自肩头点至肘点的长度；

腕围——环绕手腕根部测量一圈；

手臂根部围——亦称袖窿尺寸，经过肩端点及前后腋点，环绕手臂根部测量一圈（再加量一成）；

总体高——自颈后中心点垂直放下卷尺，并在腰围线上轻压，一直至地面的长度，曳地式长裙必须测量此数据再放量；

肘围——弯曲肘部，经过肘点环量一圈，这是制作窄袖及羊腿袖的必量尺寸。

经过上述内容的测量后，可以通过列表形式，使设计师与制作者对数据一目了然。

第二节　涉及角色服装造型有关的测定

舞台服装中涉及角色服装造型的人体测定，不单单是常规服装的尺寸内容，它包含测量对所测量的尺寸预先设定问题，也就是需要配合涉及造型的特殊性来考量参数，我们把舞台服装尺寸测量称为尺寸测定，含有测量与结合造型的特殊设定两方面。

涉及角色造型有关的尺寸测定，既同于常规生活服装，又有极大的差异。前者以生活的美观舒适为检验，后者以演员装扮是否有角色感为目的，角色感自然包括舒适，角色感的美观直指戏剧成分，要求在表演空间中体现尺寸设定的绩效。

从后面演员服装尺寸测定表（见表 2-2）可见，大多数尺寸测定数据与常规服装类似，大多是长度、宽度、围度三大指标。为了角色造型的需要，增添了一些常规服装所没有的测定，如体重、上衣长、前后腰节长、总衣长、特殊体型标注等内容。

“体重”的数据是为制作过程提供款式分割的参照，尤其征求舞台服装设计图，往往只是效果气氛与情绪的表现，对款式分割淡漠且模糊的效果图需要有个尺寸放缩的估量。

“上衣长”的数据是要求根据设计图来测量的演员形体实际尺寸，也就是制作后的上衣长度，这个尺寸要在测量中明确，无须制作时再放量。

“前后腰节长”的数据服务于塑形类的女性角色服装，出自女性胸部形态与围度的差异，舞台服装的尺寸内容中这个数据十分重要，尤其对于丰满型的女性演员，需要特别测量，为制作中保证造型的完满。

“总衣长”的数据针对舞台服装中的袍、长衫、帔、靠、褶一类造型。总衣长分前后长两个数据。

“标注”在舞台服装尺寸测定中有着独特作用。戏剧演员有不同的剧种属性，形体的差异十分明显。歌剧演员与舞蹈演员、戏曲演员与儿童剧演员等形体特征大相径庭。这就要求在配合剧种的身体尺寸设定上，围绕特别的位置尺寸做测量并标注。如乐队成员的“上臂围”涉及弦乐演奏幅度；舞蹈演员的“下臂围”“直裆长”数据关系到大幅度运动及造型；戏曲演员的“大肚围”与腰部装饰的造型密切相关。“标注”在舞台服装尺寸测定表中是对局部造型塑造是否完美的关键（见图 2-13、表 2-1）。

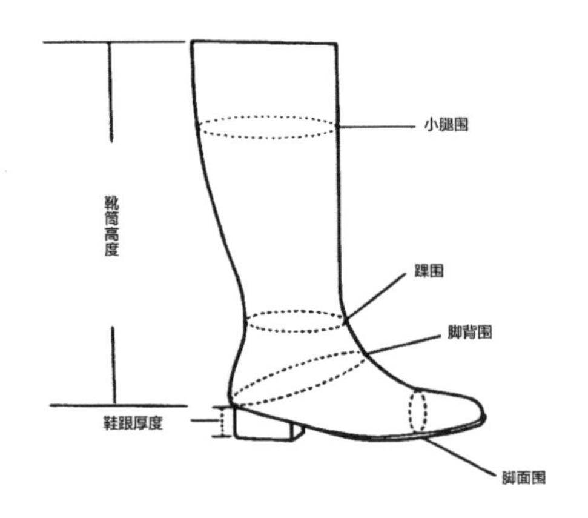

图 2-13　靴、靴的尺寸测量

表 2-1　靴、履尺寸测定表

演员名	角色名	鞋码	靴子高度	鞋跟厚度	小腿围	踝围	脚背围	脚面围	备注

续表

演员名	角色名	鞋码	靴子高度	鞋跟厚度	小腿围	裸围	脚背围	脚面围	备注

靴、履尺寸测定在涉及角色服装造型中特别重要。其一，演员在表演空间中，脚部动作决定表演的舞台方位，前后左右的行动幅度大；其二，每个演员的脚部形态不一；其三，装饰因素制约着尺寸设定。本着这些功能要求，在脚踝部位的尺寸需要特别测量，以便既利于穿着舒适，更有助于舞台动作的发挥。

对于舞台服装来说，除了把握人体形态尺寸以外，还需对人体的生理属性（生物物理特征）进行必要的测定，避免服装物理性与表演空间环境条件与人体生理属性的不匹配，以求服装在人体生理的对应中作补充、修正、调节，来体现服装效绩，这是服装科学化、绩优化的重要内容。例如，女性演员脂肪多于男性演员，体内温度也高于男性演员，体表温度低于男性演员，在服装材料的定位上，遵循这个生理属性而选择比男性演员更轻薄的材料。再如，皮肤对于光洁平滑、松软的材料有良好的触感，可将服装里子定为低摩擦的光滑织物，而让蓬松、多毛织物作为面子，使其内空气流动弱并让空间填满而产生保暖作用。人体生理属性的测定也包括人体体温与皮肤温度对演员身体舒适卫生的问题。

体温，指维持人体正常生理机能的体内冷热程度的量。体温的平衡通过人体产热、散热来实现。人体内部体温正常是37.5℃，体温昼夜周期相差在4℃—6℃。

表 2-2 演员服装尺寸测定表

剧目《 》服装演员尺寸测定表																
序号	演员名	角色名称（A、B角）	身高	体重（公斤）	上衣长	前腰节长/后腰节长	头围	领围	胸围	腰围	臀围	总衣长（后颈肩头至脚面）	裤长（腰至脚面）	袖长（肩头至虎口）	肩宽	鞋码	标注（比如鞋子内增高，特殊体型等等）
1																	
2																	
3																	
4																	
5																	
6																	
7																	
8																	
9																	
10																	

测量人：__________

（1）体温与年龄的关系：儿童高于青年人，青年人高于老年人，新陈代谢的程度影响着体温。

（2）体温与性别的关系：女性皮下脂肪厚于男性，体内温度偏高于男性，而体表温度偏低于男性。

（3）体温与季节的关系：夏季体温低，冬季体温高。

（4）体温与其他外因的关系：运动量大、精神上受惊吓、吃烫辣的食品等时都会偏高于正常体温。

皮肤温度，指人体体内生理机能反映在体表上的冷暖程度。人体与外界环境的热交换是通过皮肤（体表）来进行的。皮肤温度比体内温度更直接影响到服装降温或保温的效果。皮肤温度受体热产生量、环境温度条件的影响而变化。气温低时皮肤因血管收缩而血流量减少，导致温度下降，反之，皮肤温度上升。皮肤温度因服装在人体覆盖部位不同，也有差异。一般覆盖部分的温度稍高，如胸、背、腹部。根据日本米田氏测试报告显示，女子皮肤温度比男子低，无论是裸体还是着装（皮下脂肪厚于男子），服装重量与厚薄女装应该比男装轻薄一些。人体发汗与服装适应有直接的关系，也是生理属性测定中需了解的内容。发汗可分成温热性发汗、精神性发汗与味觉性发汗三种：温热性发汗是由外界气温上升，人体运动导致体热产生过高的现象；精神性发汗由精神兴奋而引起；味觉性发汗由饮食的酸、辣、烫刺激而引发，主要表现在脸部。发汗量因季节、身体状况不同而有差异。气温高及体胖的人发汗量大，反之则发汗量小。发汗量分为有助于体热散发的有效汗量、附在皮肤上的附着汗量及流淌性的汗量三种。发汗量受舞台环境温度、湿度与风速的影响而改变。附着的汗量与流淌的汗量会直接污染衣服，一旦衣服与这两种汗量接触，应寻找机会立刻更换清洗或多备两套内衣，因为汗液中大量的尿素、氨会影响演员身体与服装外观。

第三节　人体尺寸在舞台服装设计中的应用

人体尺寸在舞台服装的设计中极具价值，它是创造角色形象的依据，是经营角色服装的条件，由基本尺寸与功能尺寸两方面构成。基本尺寸是服装最根本的满足度，通过号型与体型来实现着装上身体与服装的匹配。功能尺寸是服装通过艺术设计及制作工艺需求后的尺寸修正数据，以是否在尺寸处置上体现预先设定的艺术效果为检验。

一、尺寸满足度

人体尺寸测量在服装设计中的应用，主要针对群众演员及非量体的表演者而言。

舞台服装在规格尺码上，都希望穿着能满足所有表演者的需求。实际过程中，不可能达到百分之百的满足，只是相对满足，尤其针对群演。由此而引导出，如何评价人体尺寸在舞台服装运用中的满足程度问题。

人体尺寸在舞台服装中的满足程度，亦称为满足度，指所设计（制作）的服装在尺寸上能满足表演者总体中百分率来表示服装对人体尺寸的变异性，不像其他设计门类，如某种食品的包装盒设计，可以成千上万地按一个尺寸数据生产，而且可以在各个地区、为所有需求的人所适应。舞台服装设计的尺寸把握就没这么简单，这是它作为“人体包装”的性质所决定的。对于生物学上的“人”来说，影响人体尺寸变异的因素很多，除遗传、人种之外，还有环境条件、营养与锻炼、疾病因素的影响。就身材来说，不同地区与民族有极大差别，即使同一地区的身材高矮差异也很大；同一高度，而不同地区人的身材的围度也有差异；同一高度、同一围度，而不同地区人的身材的躯干与下肢长度比例也有悬殊。对待这些差异，舞台服装设计师应该对人体尺寸的变异性有足够的关注。

正因人体尺寸变异性大，舞台服装应该认识到服装成品绝不能像单量单裁的度身定制那样，仅为某个人的穿着而设计，而是满足特定穿着者总体中相当百分比的人群穿着而考虑。当然也可通过材料与结构变化，来解决人体尺寸变异问题。例如，用弹性材料制作内衣、泳装、裤袜，只需少量尺寸规格即能达到相同的满足度；结构款式上用披挂、裹缠，也能够以少量规格达到相同的满足度。

根据人类工程学的指标，实际设计产品的满足度以 90% 为目标，余下的 10% 的人不做重点考虑。如面包车（旅行车）车厢内，高度以 90% 的人的高度而设计，而不考虑 190cm 左右的身高（虽然设计上可以达到，但经济效益上会造价太高而不切实际）。舞台服装也应以满足大多数人的尺寸为目标。例如，演员的上裆尺寸在同样身高的档次中都有微小的差异，而不可能为每个演员的裤门襟而生产一根符合每个人上裆尺寸的拉链，只能取大多数人满足（适合）的尺寸，所以，用于裤门襟闭合的拉链均在 20cm 左右。尺寸满足度的百分率估量，尤其征求大型演出的服装制作，群演人员的尺寸确定性要求保证所有表演者的尺寸满足。

二、服装号型分类

在成批的非量体表演服装生产中，为了让尺寸适合大多数表演者的要求，根据普测的人体尺寸数据，本着满足度的通则，确立指导服装设计与生产的国家号型标准。

号型的确立依据满足度通则，以最大值（上限）与最小值（下限）来对设计生产任务进行差数分类，产生不同号型档次。同时，将体型类别融入标准数值之中，改变过去特大、大、中、小（XL、L、M、S）的笼统区分，使尺寸与人的体型外观更趋匹配。

（1）号型定义：服装的号型是根据正常人体尺寸的规律和使用需要，选择最有代表性的部位，经过合理归并设置的。“号”指人体的身高，以厘米（cm)为单位，是设计和消费者选购服装长短的依据；“型”指人体的围度，也以厘米（cm）来表示人体的胸围与腰围，是设计和消费者选购服装肥瘦的依据；“体型”指人体胸围和腰围的差数，是使服装适合不同形体的依据。这些号型与体型分类值得舞台服装尺寸设定来借鉴。

号型标志内容分析：

号型：170 / 88A

170 为人的身高；

88 是上装的胸围；

“A”为体型类别的代号。

体型分 Y、A、B、C 四类，分类的依据是以人体的胸围与腰围的差数来确定的。“Y”表示胸围与腰围差数为男性 17—22cm，女性 19—24cm；“A”表示胸围与腰围差数为男性 12—16cm，女性 14—18cm；“B”表示胸围与腰围差数为男性 7—11cm，女性 9—13cm；“C”表示胸围与腰围的差数为男性 2—6cm，女性4—8cm。

根据Y、A、B、C的胸围与腰围不同差数，可以判断“Y”体型比较苗条，“A”体型正常，“B”体型微胖，“C”体型偏向肥胖体型。表2-3、表2-4是男性和女性各体型在总量中的比例，对舞台服装设计师来说有参考价值。

表2–3（男性）各体型人体在总量中的比例状况

单位：%

体型	Y	A	B	C
比例	20.98	39.21	28.65	7.92

表2–4（女性）各体型人体在总量中的比例状况

单位：%

体型	Y	A	B	C
比例	14.82	44.13	33.72	6.45

（注：转引自《中华人民共和国国家标准》GB / T13351 ~ 13353—1997）

（2）号型系列：号型系列以各个体型中间体为中心，向两边依次递增或递减组成。身高以5cm分档组成系列，胸围以4cm分档组成系列，腰围以4cm、2cm分档组成系列。身高与胸围搭配组成的号型系列，为54号型系列。身高与腰围搭配组成的号型系列为54号、52号型系列，这个分档的尺寸适应舞台服装的运用。

三、服装功能尺寸的修正量

无论是度身定制的个体测量，还是百分率的尺寸号型系列，尺寸只能作为舞台服装尺寸的一项基准值，还必须结合舞台服装设计要求的某部分修正，才能使尺寸成为有艺术绩效的服装功能尺寸。功能尺寸修正量分功能修正量与心理修正量两种。功能修正量，指服装尺寸修正便于舞台表演运动、舒适的“放缩量”，以达到设计的形式美并符合角色表演功能要求等内容。

功能修正量对于舞台服装来说，尤为重要。它是保证实现舞台服装某部位功能需求而对基本尺寸所作的修正。基本尺寸在人体测量中是静态直立姿势，而演员在舞台表演空间中，身体处于运动势态，且姿势各不相同。服装随着表演的不同姿势引起变化，而人体尺寸需要做适合于舞台行动的修正，以保证在表演中服装功能的实现。

舞台服装尺寸修正量的确立，可以根据不同的尺寸“放量”，亦称“放余量”来实现。服装设计师对待已测量的人体尺寸（或参考“号型”数据），只能作为设计依据，而不应把它直接看作服装功能尺寸。舞台服装功能尺寸，更指为了实现角色某项舞台行动而规定的服装造型结构尺寸。它可分为两类：最小功能尺寸与最佳功能尺寸。

1. 最小功能尺寸。是确保服装实现某一功能在设计时所规定的服装最小尺寸，或称最小余量。例如，服装原型（亦称“基形”）的尺寸因把各项尺寸规定得“最小”（最贴体），可归为最小功能尺寸。最小功能尺寸公式 (图 2-14):

最小功能尺寸＝（人体尺寸）设计界限值＋功能修正量

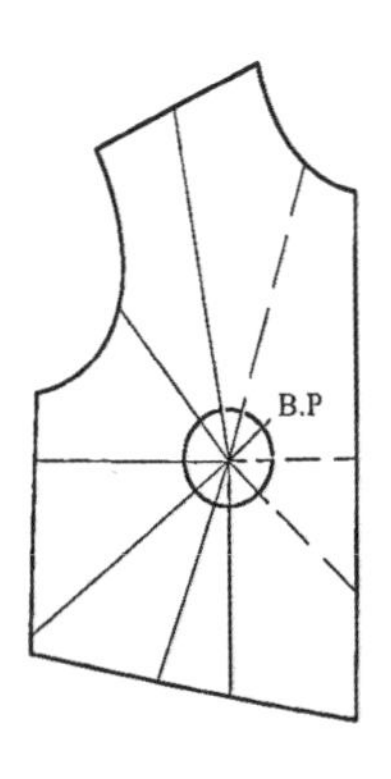

图 2-14　女性服装原型图（最小功能尺寸）

2. 最佳功能尺寸。是指为了体现服装方便、舒适，便于人体行动，合乎角色塑造美观漂亮的要求而设定的服装结构尺寸。它符合人体工程学追求效绩、健康、卫生、舒适、美观的目标，对于舞台服装设计师来说，考虑最佳功能尺寸尤为重要。最佳功能尺寸公式：

最佳功能尺寸=（人体尺寸）设计界限值+功能修正量+造型修正量

舞台服装最佳功能尺寸的修正，主要表现在对表演服装功能的尺寸服务。舞台表演类、杂技表演类、戏曲表演类的服装对最佳功能尺寸的审视比较重要。如舞蹈类服装需要对最小功能尺寸作结合设计款式的尺寸增减来实现动静结合的造型，戏曲类服装在服装造型上的程式规定，更要求服装尺寸以配合大幅度动作为目的。（图 2-15）

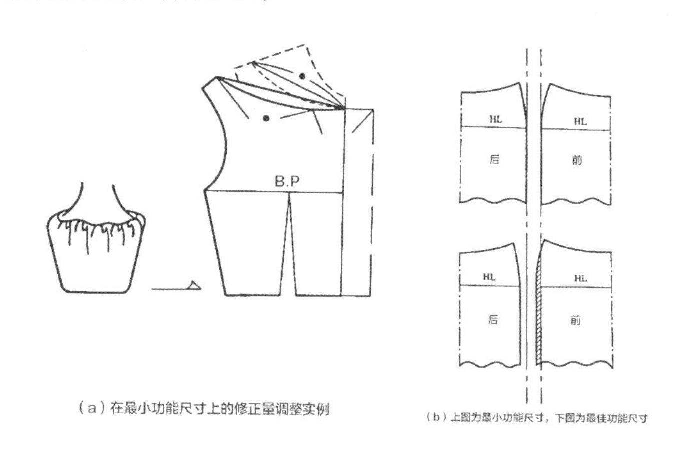

图 2-15　不同功能尺寸的造型比较

第四节　有关演员身体与角色服装尺寸的特殊设定

本着舞台服装人体工程学“角色—服装—表演空间”系统属性，戏剧规定及表演要求服装在功能上密切配合，这个戏剧规定及表演要求决定了服装尺寸的特殊，所有服装尺寸设定上的特殊又因围绕角色形态塑造而起到不同作用。演员身体与角色身份服装尺寸的特殊设定，以“长度”与“围度”来切入。

长度。是舞台服装一维空间的纵向度量，是演员形体与角色服装造型结构中点到点的距离，舞台服装尺寸设定的长度与生活服装不一样，它根据不同剧种来确立，特殊在于戏装的表演功能有所不同。例如，传统戏曲服装的长度需要在人体测量的基本尺寸上加量，以遮掩厚底靴及表演中的踢腿动作；童话剧服装的长度完全根据设计图的变形效果来确认不同长度，或长或短、或方或圆。

围度。是舞台服装在左右两点之间一定范围的横向度量，为演员形体与角色服装造型结构中的容量。舞台服装尺寸设定的围度因演员形体的差异而特殊，自头围至踝围，每个演员的围度差异极大。除了演员自身形体围度的差异之外，角色塑造更要求在外部形体上的围度与角色塑造对应。例如，驼背老者造型完全依靠上身围度的特殊设定才能实现；瘦弱纤细身材的女演员塑造泼辣的山村老妇女需要填充物来扩增围度产生厚实的形态外观。

角色服装尺寸特殊设定除了长度与围度之外，还有一些异型特殊尺寸，尤其是一些非常态服装造型，需要根据设计来审定它的差异性，从角色出发来设定非常态的尺寸，创造鲜明的角色个性外观，服务于戏剧表演的角色塑造。以一条鱼尾裙礼服为例，礼服下身的收紧处正好对应女性膝盖的位置，走路时膝盖关节的运动会感到不适应。同时更易突出腿部较短、身材不够高挑的缺点。与此相比，运用了最佳功能尺寸的设计，将收紧处两边调高至膝盖点上部，正面拼接线的形状符合人体膝盖部位的姿态，使穿着者相对于原先的设计行动起来更加自如。与背面设计连接起来状似桃心，使设计既生动，又保持其原有优雅的曲线造型。同时，使穿着者身形更加修长、美观。

三维尺寸思维与设计效果图有较大的差异。以披风为例，如果披风是硕大的弧摆，并且弧摆处有一排二方连续纹样的装饰布局。那么，这个纹饰的尺寸与曲率和平摆完全不一样，需要将二方连续的单元形按照弧摆的曲率分段对应，才能使纹饰顺势的布局在弧摆处，这里的二方连续纹样尺寸是一种因设计需要而变换后的尺寸，具有立体感的三维空间性。

【思考题】

1. 演员形体的尺寸测量作用是什么？

2. 人体尺寸在舞台服装设计中的应用有哪些？

3. 什么是最佳功能尺寸？

4. 角色服装尺寸的特殊设定有哪些？

第三章

演员形体观察与角色服装设计系统

第一节　角色服装与演员形体相互作用的一个系统

舞台服装人体工程学系统中服装作为中间媒介，在角色及表演空间之间起着十分重要的承接及传递作用，它为角色造型乃至舞台呈现效果作绩效优化的担当。服装是为角色服务的，装扮角色的演员形体观察是营造服装效果的先在内容。

角色服装与演员形体是一个相互作用的系统。人是万物之灵长，人体是最有魅力的自然体，世界上没有哪一种东西能够与其相媲美，这不光因为人是地球上生命进化的最高形态，还因为人体概括了世界上的阳刚之气与阴柔之美，人体美具有典型的美学特征，人体美造就了服装美，换句话说，没有人体美，也就没有服装美。有人说服装是人体的“第二肌肤”，那么角色服装就是演员在舞台上的“角色肌肤”，这个“角色肌肤”不但有人体美、服装美的价值，更具角色塑造的戏剧功能属性。

针对角色服装造型设计而言的形体观察，叙述人体与设计界面关系，目的是将服装作为准生理学系统来求证处于表演空间中的服装人体工程价值。这里对于人体的观察，既不讨论人体细胞的作用，也不分析人体构造的生物学指标，而是研究角色服装造型中需要了解的人体形态、构造、体表、运动形态、体型、皮肤等部分内容，力求服务于演员舞台表演的创造，使角色服装更具“以人为本”的绩效。

舞台服装艺术家比画家还要接近解剖学，因为这一行当不是纯艺术而是亚艺术，戏剧与科技含量较高。最重要的问题是服装处于表演运动状态之中，必须遵循表演的动态设计原则。如腕关节、肘关节、颈关节、腰椎关节、腿关节、踝关节等部位的形态解剖合乎人体工程学原理，是舞台服装设计师必不可少的知识。高明的舞台服装创造者对表演者的躯干应有敏感的直觉判断，掌握了人体运动学、结构、解剖学的理性知识，便形成了一种新感觉，这样会提高舞台服装创造的判断力，找到表现角色与服装关系的最佳方案。

随着演艺业的繁荣及舞台服装领域对人性化的关注，以演员为中心进行设计的倾向日趋加强。尽管有关目前舞台服装设计的书籍都有一些关于人体与服装内容的介绍，但都概念笼统，局限于解剖学内容，或者是基本的比例分割，例如，“人体有几头长”“男女形体有哪些区别”。而对人体各部位与服装的系统关系、服装在人体上的外延成因、“第二肌肤”的塑形功能等内容缺乏深入系统的研究。舞台服装所要求的人体观察具有独特的视角，不像人类工程学中关于家具设计以人的脊椎形态、活动量及四肢尺寸为主，也不像工具设计以人的手型、握力、手腕关节形态为主，而是以躯干、四肢、皮肤为中心，并与作用的服装结构构成和谐整体的系统界面，还要与身处的表演空间及戏剧内容相匹配。

正如人体的各种生理功能一样，以上要素能够被看作若干个系统来分析。我们将舞台服装作为准生理学系统来考虑，是出于服装是身体的外延，是人体相互作用的关系。表现在服装贴切人体体表，具有人体的机能，并展现人体各部分的生理与卫生现象，是体现人体生理现象的物质媒介，无论是厚重的制服，还是轻薄贴身的水衣彩裤，都是人体体表的延续。

当舞台服装与表演者人体构成一个整体时，其整体超过了各部分的总和。服装不单是体表的延续，还涉及人体与服装的空间情况。人体的包裹形式不像器皿包装，人体的运动与生理、心理属性，要求服装形态是人体体表的二度形态，曲直长短、收放缩扩的价值在于如何使表演者人体形态既自如舒适，又贴切角色的塑造要求。

第二节　舞台服装设计中的人体构造观察

服务于舞台服装设计的人体观察，是人体工程学的主要内容之一。服装存在于人类行为模式中的人类行为基本模式（SOR），“S”指人发生的各种刺激；“O”指人的各种感觉器官；“R”指器官对信息加工做出不同的形式反应，三者相互作用是心理学研究人的刺激与反应的关系。人机体的各种感觉器官接收服装刺激物的存在，一方面是人体机构；另一方面是服装，它们二者之间的合理化配合才能使服装与人的行为模式相匹配。只有深入研究和透彻了解人体构造特点及解剖学内容，才有可能实现人体机能与服装之间的最优匹配。

针对舞台服装系统中的人体构造研究，主要围绕人体构造与形态两大部分。人体构造包含内在与外表两层意思，人体内在构造以骨骼、肌肉、皮肤方面为主；人体外在构造以人体比例、对称关系、体型种类、性别差异为主。人体形态表现在身体体表方面，主要研究内容是对人体段落化、体面化的把握，人体段落化直接为服装类别与形制服务，体面化直接影响到风格样式及工艺结构处理。例如，躯干段落与箱式造型框架、腹腔梯形弧面与抽褶造型形态，都是人体结构与服装设计的匹配内容。（见图 3-1）

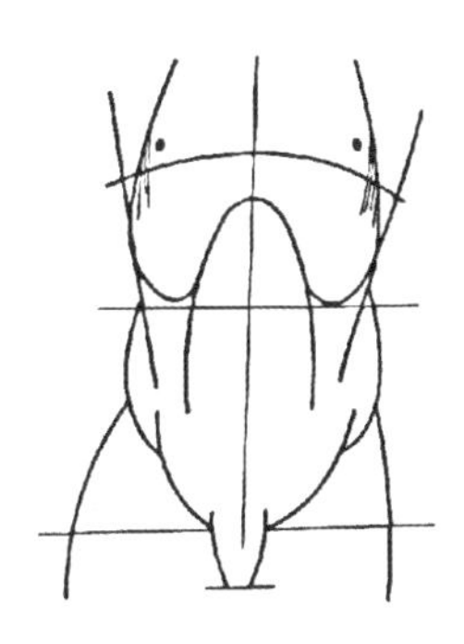 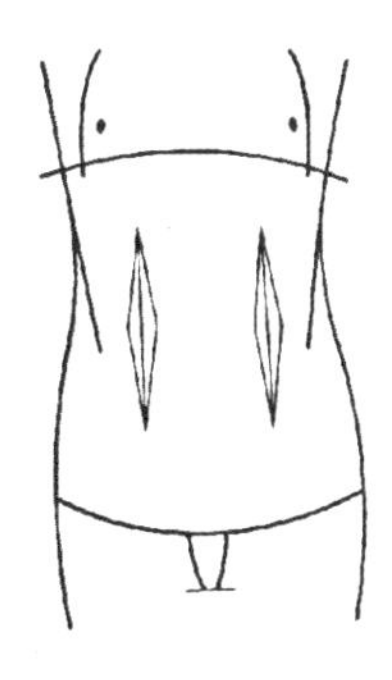

图 3-1 人体体表段落化理解

一、把握人体构造与运动机构

人体构造，指以骨骼、关节、肌肉等组织，在人体各局部构成的一个完整有机体，形式是左右两侧对称，并在运动的不同时空中形成繁复多变的人体形态。人体构造与运动机构是一门专门学科，我们主要从设计的角度来将人体比例、解剖结构、人体外表与块面等直接作用于造型的内容作论述介绍，对头、手、脚部位不做具体分析。

人体比例是人体结构中最基本的因素，以头高为度量单位来衡量人体全身及其他肢体高度的“头高比例”，是一种较易掌握的国际通用方法。

解剖结构是对人体生理构造与外形有关的骨骼、肌肉、皮肤的生长规律、形态结构与机能的相互关系，反映人体性别特征与个性特征，是分析人体各种结构形态的依据。

人体外表研究人体对称、体型、性别差异的外部体表，对人体外形进行切面化、块面状分析，促使服装设计者概括地、富有空间想象力地展现人体与服装的空间关系，它是直接作用于设计与制作的部分。

（1）头高为度量单位的人体比例：人体各部分之间度量的比较称为人体比

例。由于人种、民族、性别、年龄及遗传发育等差异，没有绝对的比例完全一样的人。人体比例是指生长发育匀称的青年人体平均数据。根据这个平均数据，青年人（尤其男性）平均身高170cm左右，头高为23cm左右，若把头高作为一个单位来衡量全身的话，这两个数据之间的比例是1 ：7.54，从而得出人体是7个半头高的比例。（见图3-2）

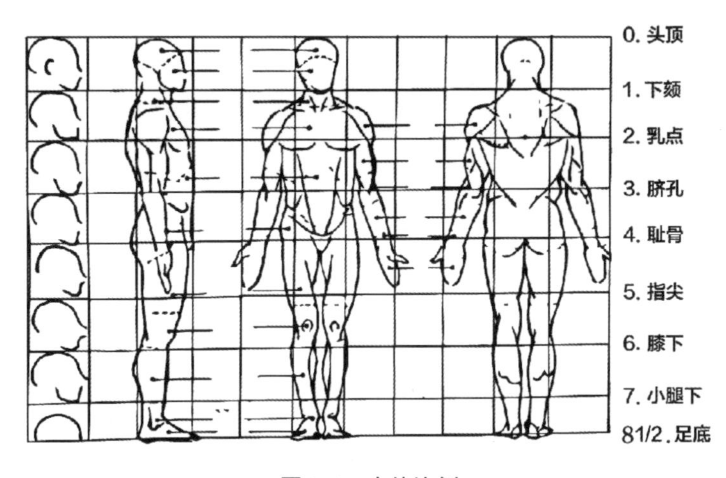

图3-2　人体比例

不同年龄的人体有不同的身高与头高比例，幼童在4:1左右；少年在6:1左右；16岁时为7:1左右，25岁左右定型在7.5:1；老年时由于躯干的萎缩显得矮一些。

人体比例中的人体宽度比例，上肢向左右平伸，其长度大致与身长相同（见图3-3）。但在其他部位，男女人体有差异。肩宽方面，女性约1.7个头长，男性约2个头长；腰宽方面，女性0.8个头长，男性

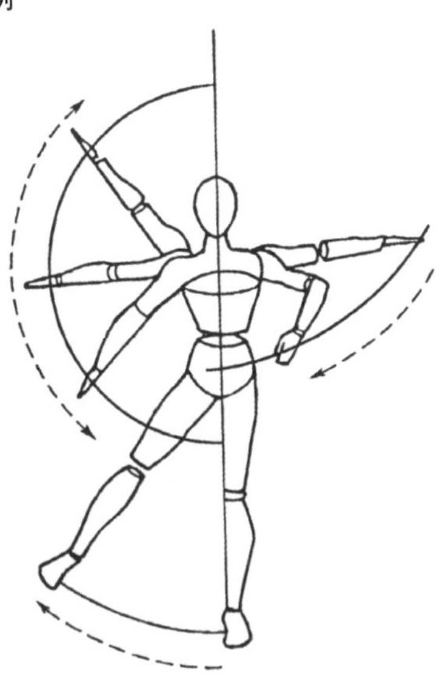

图3-3　人体宽度比例

1 个头长；臀宽女性 1.5 个头长，男性 1.4 个头长。（图 3-4）

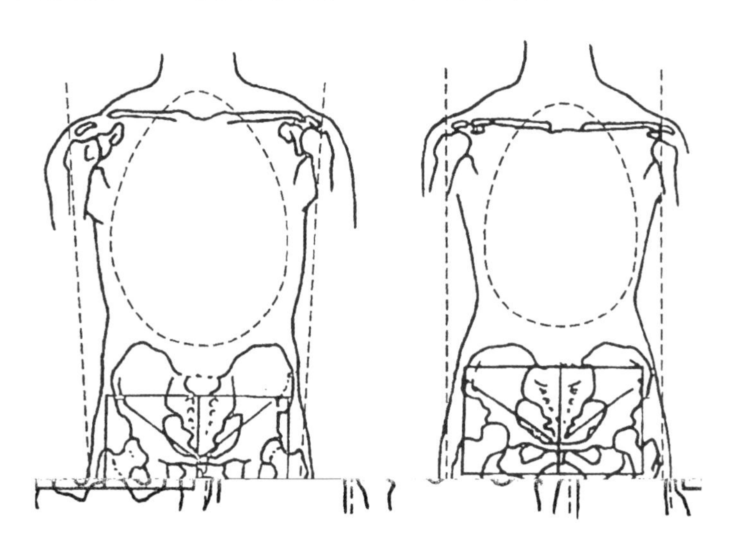

图 3-4　两性体宽比较

（2）人体生理结构形态：人体生理结构形态借助解剖学内容，分析与服装外形处理有关的骨骼、关节和肌肉系统。

骨骼分布人体全身，起支撑身体作用。成人体内共有 206 块骨，既支撑体重又保护内脏器官、适应于运动。骨与骨之间通过韧带或关节、肌肉互相衔接，为人体外形构成及动作服务。

骨骼形状有长骨、短骨、扁骨。长骨起支撑与运动作用，呈长管形状而分布在四肢；短骨在运动复杂的部位，如腕骨、跗骨、踝骨；扁骨起保护内脏器官作用，如胸骨、髂骨。

骨骼系统分成躯干部与四肢部（图 3-5），具体分布如下：

躯干部（共80块）

头部头颅部分有额骨、枕骨、颞骨

面颅部分有上颌与下颌骨、鼻骨、颧骨

躯干部脊椎有胸椎、腰椎、骶骨、尾骨

胸廓有胸骨、肋骨的前后围合

上肢肩部有锁骨、肩胛骨

上臂有肱骨

前臂有尺骨（内侧）、桡骨（外侧）

手有腕骨、掌骨、指骨

躯干部（共80块）

下肢髋部有耻骨、坐骨、髂骨

大腿有股骨

膝部有髌骨

小腿有胫骨、腓骨

足有跗骨、跖骨、趾骨

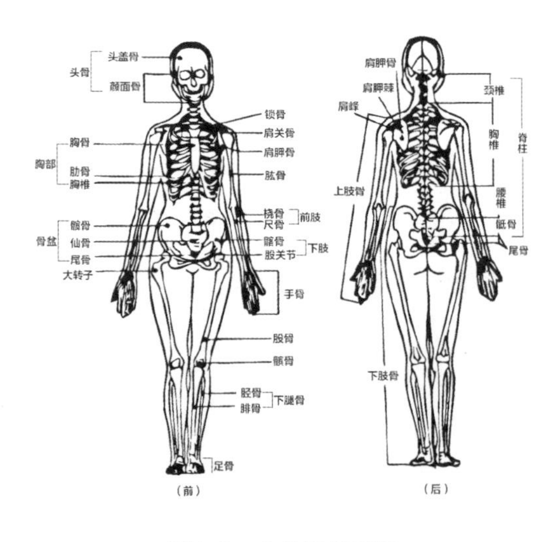

图 3-5　人体骨骼系统

骨骼系统中的关节，指两骨或者更多的骨联结一起能活动的部位，关节由关节软骨、关节囊和关节腔三大部分组成，是人体各肢体得以灵活运动的关键所在(图3-6)。关节软骨光滑而具有弹性，便于运动；关节腔起加固关节的作用。关节的运动有屈伸、外展、内收、旋内、旋外、环转等。

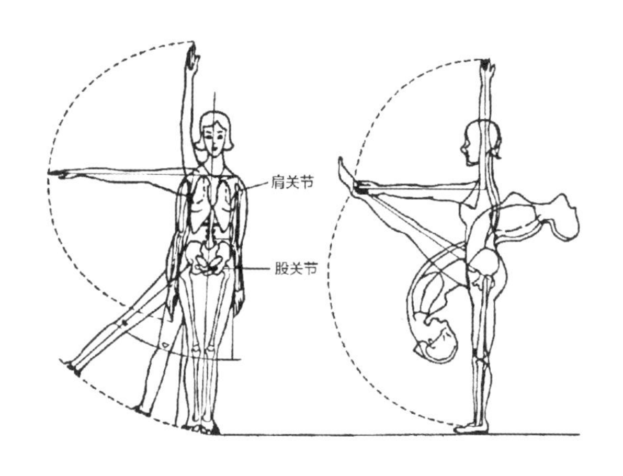

图3-6　人体主要关节运动分析

人体的肌肉有骨骼肌、平滑肌、心肌三大类，要着重观察骨骼肌，它的收缩活动影响人体运动器官的变化。人体中共有600多块肌肉，占身体总重量的40%左右，它的构成形态与发达程度影响体型，与服装造型关系极大。肌肉特点是有展长性与弹性，外力作用下可被拉长，外力解除后肌肉可缩回原状，织物所要求的压缩弹性与回复力就是为它匹配服务的。肌肉还有兴奋性与收缩性，受刺激能产生兴奋，兴奋到一定程度就会产生收缩。

通过人体骨骼、关节、肌肉等解剖分析，可以把这些知识与人体外貌联系起来，标记为人体外形上体表（骨骼）最外显凸露的部分。这些部分也就是人体与服装接触力最大的部分，具有披挂（肩峰）、撑（髋部大转子）、贴（髌骨）等设计上考虑的价值。

（3）人体外形段落化与块面化。作为服装设计师了解人体外形可以用分段组合，且在分段组合的基础上，将复杂的曲面块面化来观察，从整体到局部，再从局部到整体，如组合装的某部分适用于什么外形段落，与该段落的块面状呈什么匹配程度，再将这些部分组合在每个外形段落中，审视整体协调效果。

人体外形可划分为头部、躯干、上肢、下肢四个大段落。每个段落可分成若干部位，如躯干可分为颈、胸、腹、腰、髋部；上肢分为肩、上臂、前臂和手；下肢分为臀、大腿、小腿和脚。段落划分的依据是以人体各部结构的衔接与穿插处，人体的骨骼与肌肉连接在体表上的人体肌肉外观与结构分析、人体骨骼结构分析。

凹凸、转折、榫接形成段落标记（图 3-7），是人体段落划分的标志。

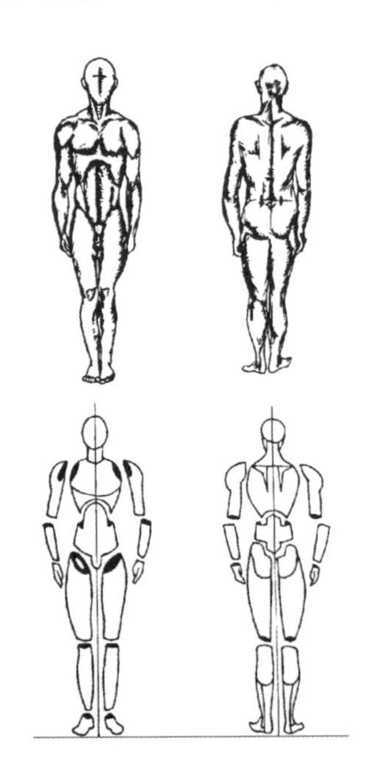

图 3-7　设计应考虑的人体段落划分

人体外形块面化，指将人体的复杂形态概括成各种简约几何形块，事实上服装形态都与人体外形的块面形状呈匹配势态，它们共同对人体外形体表进行强调、夸张、取舍。例如，将胸部与髋部概括为上、下两个相互倒置的梯形立方体，把四肢概括为多个圆柱体组合，对人体外形块面化的理解，不能忽视所有形块均是立方体块的简略特征。

（4）设计必须考虑的人体外表特征。服装以各种面料材质、经过设计造型创意，为人体外表作装饰从而实现服装价值。服装不像其他造型设计，制约性与限定性都不能脱离人体的外表，人体的外表内容也就有了服务于设计的实用价值，在舞台服装上还需要考虑表演类型的制约。

①人体左右对称性：从解剖学角度来看，以人体正中线划分把直立的人体平均切成左右两半，此切面叫正中面，正中面的前后两端连线为正中线。人体左右基本对称，服装需考虑的人体左右对称是绝对对称，以求和谐呼应，特殊的不对称造型设计风格及人体缺陷除外。

②体型与分类：体型指人体外形特征及体格类型，它随性别、年龄、人种等不同会产生很大的差异，体型与遗传、体质、疾病及营养有密切关系。

立方体块的人体简略特征，人体左右基本对称体型的分类有多种方案，在人体测量学科中以瘦长型、中间型、肥胖型三种为首选分类方案：

瘦长型：身材瘦长，体重较轻；骨骼细长；皮下脂肪少，肌肉不发达；颈部细长；肩窄且圆；胸部狭长扁平。

肥胖型：身体矮胖，体重较重；骨骼粗壮；皮下脂肪厚，肌肉较发达；颈部粗短；肩部宽大；胸部短宽深厚，胸围大。

胖（深灰）、瘦（淡灰）、正常（白线）三类体型外表特征。

这三种体型的不同，主要在于肌肉与脂肪附着层的差异，它们的体表标志点并没有变化，是胖瘦体型因肌肉、脂肪不同而产生的个性外表特征；图 3-8

是男女胖瘦体型正侧不同外观，图 3-9 是胖、瘦、正常三类体型的外表特征。

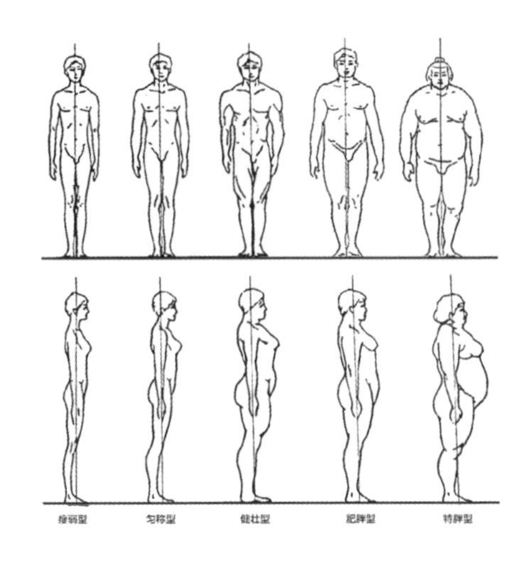

图 3-8　男、女胖瘦体型正侧外观

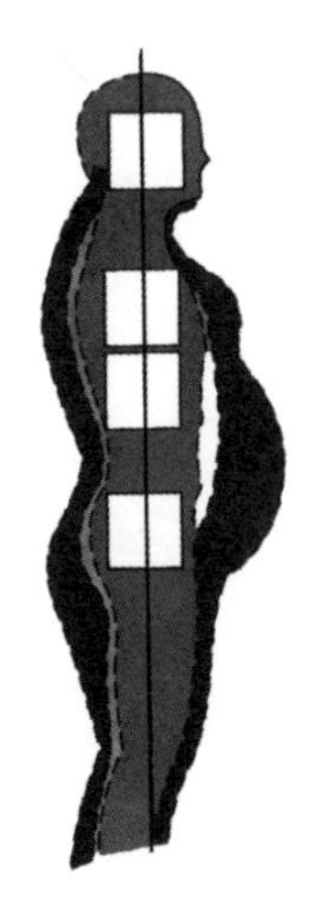

图 3-9　胖、瘦、正常三类体型外表特征

③性别、年龄差异：人体外形因性别与年龄不同，存在着明显的生理特点差异，一是外部生殖器官不同的第一性差异；二是男、女在青春发育期之后，躯干部位外形差异。

男、女外形差异主要是骨骼结构在起作用，男性骨骼都大于女性，并在外形上比较显露；男性的脊柱比女性弯曲程度小，男性肩部比较宽、臀部窄、胸廓体积大而呈上宽下窄形态。女性相反，胸廓较小，臀部较大且靠下，肩窄略下倾（图 3-10）。男、女脊柱弯曲程度不同，女性较大腰曲使臀部向后倾，男性躯干较挺直（图 3-11）。男、女性躯干外形区别。

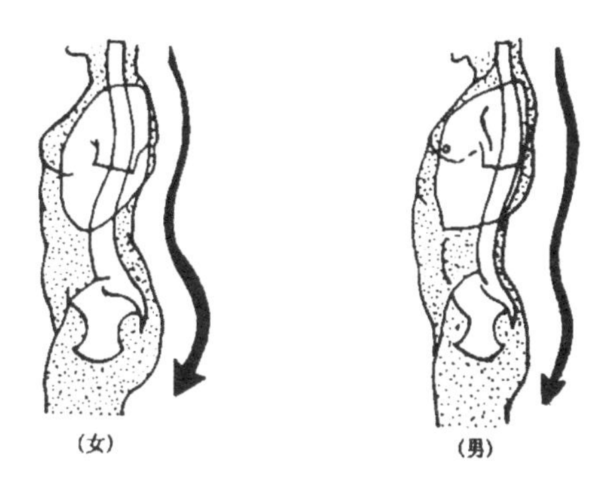

图 3-10　男女脊柱弯曲程度不同，女性较大腰曲使臀部向后倾，男性躯干较挺直

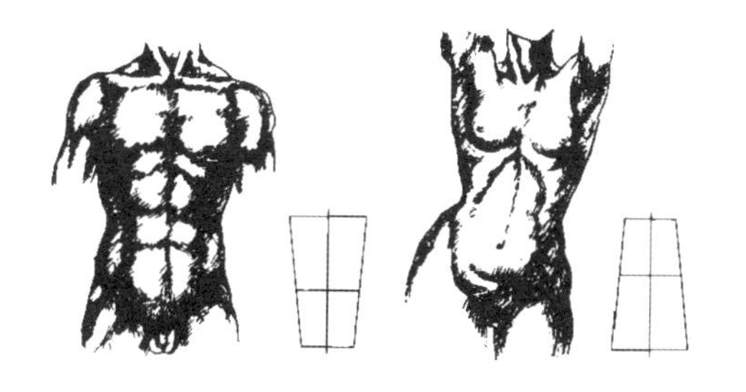

图 3-11　男性与女性躯干外形区别

女性的性别特征对于服装创造尤为重要，如在风格上显露男扮女装效果，必须对她的性别形态准确把握，并找出性别特征的依据。女性外部形态由于较多的脂肪组织分布于肌肉之上，更使骨骼藏匿其中，而显得圆润柔和，曲线丰富。

男女性别特征外形差异见表 3-1。

表 3–1 男女性别特征差异

部位	男	女
颈部	粗、喉结明显	细、长、喉结不明显
肩部	平、宽、浑厚	窄、扁、向下倾斜
胸部	胸轮廓较长、宽，胸肌健壮；乳腺不发达	胸轮廓狭小，乳腺发达，呈圆锥形隆起；乳点向外侧偏斜
背、腹部	背阔、腹平	背圆浑、腹股沟明显
腰部	脊柱曲度小、腰段低凹	脊柱曲度大，腰段高，凹陷浅
臀部	盆骨高、窄，臀肌健壮，皮下脂肪少而髂嵴外凸不明显	骨盆低、宽，体表丰满隆起，臀肌发达皮下脂肪多而髂嵴外凸明显，与大转子连成弧形曲线

老年演员的体型随着生理机能的衰退，各部关节软骨萎缩，脊柱弯曲而比壮年时略矮，胸廓外形也变得扁平，腹部增大而松弛下坠，背部显得圆浑。

（5）皮肤与服装的关系：将皮肤部分单独列出，是出于它对服装的地位与无法替代的作用。人们在服装创造行为中，一直以服装面料是否具有皮肤作用来检验它的价值，服装直接作用于皮肤，皮肤与服装最为密切。

①皮肤的生理属性：人体均由皮肤覆盖，总表面积约有 1.5m^2（指甲与毛发属角质化皮肤）。皮肤的外表面可分为表皮、真皮、皮下组织三部分。

表皮——也称上皮细胞，其中没有血管与神经，此层深处的细胞不断分裂与增殖而移行到表面，失去细胞核后角化，呈扁平状角质层从皮肤表面脱落，脱落后与灰尘、汗脂混合后形成污垢。

真皮——真皮紧接表皮之下，向表皮层伸出许多乳头层，无数网状血管、毛根、汗腺、皮脂腺出入其中，真皮的弹力纤维构成质密网状结构，而使皮肤富有弹性。

皮下组织——皮下脂肪层，其厚度是皮肤的 2—3 倍。

表皮、真皮、皮下组织构成的皮肤具有丰富毛细血管网、蓄积大量血液、散发体热及感受冷、暖、痛、痒。

②皮肤的温度：人体与外部环境的热交换主要是通过皮肤来进行的，因此皮肤温度与服装的保温、降温有必然联系。影响皮肤温度的因素除服装外，还受体热产生量及环境温度条件影响而变化，气温低则皮肤血管收缩，血流量减少，进而使皮肤温度下降；反之，皮肤温度会上升。当气温为 20℃无风时，平均皮肤温度为 32.5℃左右，按人体部位来看，皮肤主要覆盖胸、背、腹部。一旦外界气温趋低或走高，皮肤都在 5—10 分钟内有相应下降或升高，15—20 分钟后趋稳。舞台服装在表演空间中受温度的制约尤为重要。

皮肤弹性与服装弹力：皮肤具有弹性，不同年龄段的人皮肤弹性不一样。在服装创造中，要考虑服装如何能使皮肤感觉更舒适、更配合运动，皮肤实质的延伸度最高为 30% ~ 40%，而服装面料与皮肤接触的部位也应富于延伸性，也就是生活中所要求的弹力面料，弹力程度要略高于皮肤延伸度，否则会有牵引及僵硬感。

二、服装构成与人体形态的关系

我们已从人体解剖学、生理学方面了解了与人体形态有关的内容，目的是使舞台服装构成能与演员人体构造及形态匹配。

从服装构成的视角来研究服装与人体形态的整体关联性，是服装人体工程学中人与衣服的界面关系，主要表现在人体各部位与服装各部位的关系、人体形态与服装整体形态的关系上。

（1）人体方位与服装方位：人体与服装构成一个整体形态时，二者具有同样的方位性，这个方位指整体形态外观上的上下、前后、左右位置，位置之间也反映关联、分离、呼应等关系。

将人体直立，采用立方体来包围，脸、胸、腹、膝等方向为前面，这部分属于服装向观众的展示区，是评价服装角色塑造艺术含量的主要部位；背、臀部等方向为后面，后背以覆盖贴身为主，后臀以表现裤型及勾勒臀部形态为主；前面与后面之间的两侧称为左侧和右侧，左、右两侧是显示男女性别特征的关键造型部位。（图 3-12）

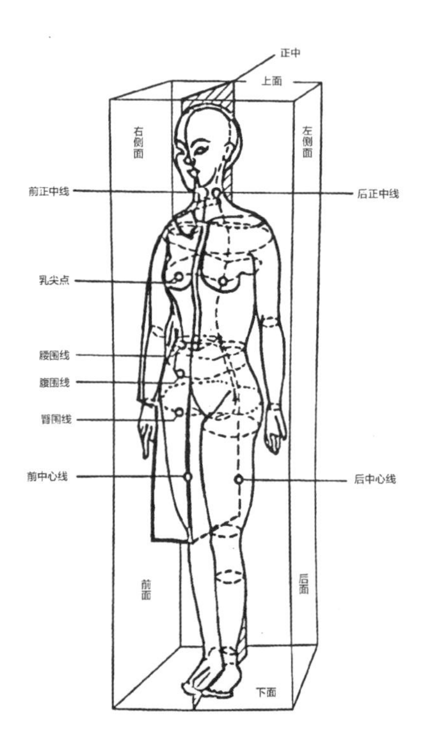

图 3-12　女性性别特征与造型线分析

（2）人体的体表区分与服装的划分：人体的体表可分成躯干部与肢体部，躯干部由头部与胴体部组成，肢体部由上、下肢组成（图 3-13），作用于服装的躯干部以颈、肩、胸、腰、臀五个局部组成。

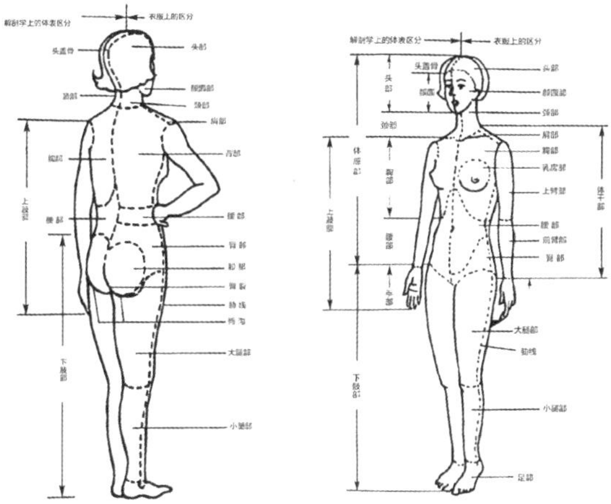

图 3-13　解剖学中人体体表区分与衣服上区分的不同内容

①颈部：服装领围线，自颈前中心点沿着左右的侧颈点再连接颈后中心点围量一周。

②肩部：肩部属立方体包围的上面，没有明确的界线，以颈的粗细与手臂厚薄为基准，肩线包含在基准之中。解剖学没有肩部，归属颈部范围，但服装造型中肩线部位尤为重要，决定造型的形态风格。如平袖与套袖，前者西式结构，后者为中式结构。

③胸部：解剖学的胸围包括胸前后部，在服装构成上，胸部的后面为“背部”，前后胸的分界以胁线为基准，胁线即身体厚度中央线。乳房因人种、年龄、发育、营养、遗传等因素，形态各不相同，服装处理时，应以胸高点为中心，在适量空间内不出现缝线，以求形态圆满。如表现女性特征的角色服装，对胸部的表现依赖对人体形态的把握。

④腰部：此部分除后面的体表有脊柱之外，均无任何骨骼，腰围线在此范围内确定。

⑤臀部：自腰线以下至下肢分界线止。服装中对臀沟的处理，关系到形态与动作舒适性。

⑥上肢部、下肢部：对上、下肢体部的划分，上肢部有上臂、前臂与手，上臂部与躯干相连；下肢部有大腿、小腿与足。上、下肢体部的服装区分，力求将曲率多变、起伏不定的肌肉形态概括简约，以“筒状”的变化为宜。另外，与躯干部连接处要有适当放量，以便肢体与躯干部运动协调。

第三节　人体各部位与角色服装设计界面

舞台服装人体工程学的目的在于使服装与表演者身体各部位要求相适应，使人体与服装界面达到整体上的内外和谐，进而在表演空间中显示最佳状态与最优绩效。“内”指人体受服装作用的部分；“外”指服装服务于演员身体的内容，二者之间的联系客观且富有系统性，在人体部位与部位之间，人体与服装、服装与表演各个界面上，尊重演员身体固有形态结构，才能使角色服装有效地作用于它，也使受服装作用后的角色更具艺术性、舒适性、合理性的效能。

这里所研究的人体各部位，与解剖学中人体体表区分不同，仅针对与舞台服装关系密切的颈、肩、胸、腰、四肢、臀等部位作静、动态分析，并着落在与之配合、关联的角色服装处理上。

一、颈部

颈部是人体躯干中最活跃的部分，它将头部与躯干连接在一起，它对舞台服装设计的重要价值是围绕它的四周结构形式与缝线决定服装衣领式样，在颈部与躯干的界线处呈现，颈部关系到角色服装颈部的造型，而它的造型宽窄高矮又涉及演员的表演，尤其是不能妨碍声音和动作的传达。

（图 3-14）

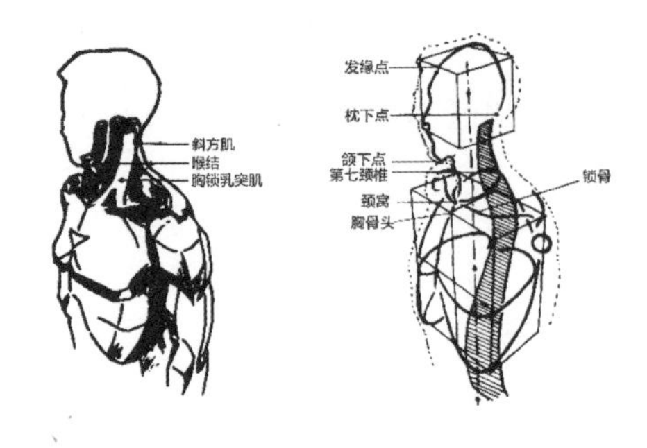

图 3-14　颈部结构分析

颈部呈前低后高的斜势，颈部倾斜角分析中，颈部前面上限为颔下点，下界至锁骨以上的颈窝处，后面从枕下点至第七颈椎点，外形呈上细下粗的圆柱状，从侧面看颈部向前倾斜、楔入躯干部并形成前低后高的斜坡（图 3-15），这个斜坡是造成前后衣领领窝弧线弯度和前后衣片长差的依据。不顾及颈部的结构特征，会在服装造型上出现前拥后吊的现象。

图 3-15　颈部呈前低后高的斜视

颈部因人而异，有长短粗细之分，周径与倾斜势态也不一样。例如，挺胸型与驼背型的颈部倾斜度大不相同（指人体直立静态状况下），在主角服装的量身定制中，要对颈部进行实际测量。

正常的颈部倾斜角，以成年女子普测为例，倾斜角平均值为 18°，最大是 25°，最小是 11°，平均值是前倾斜角加后倾斜角，再除以 2 得出的。（图 3-16）

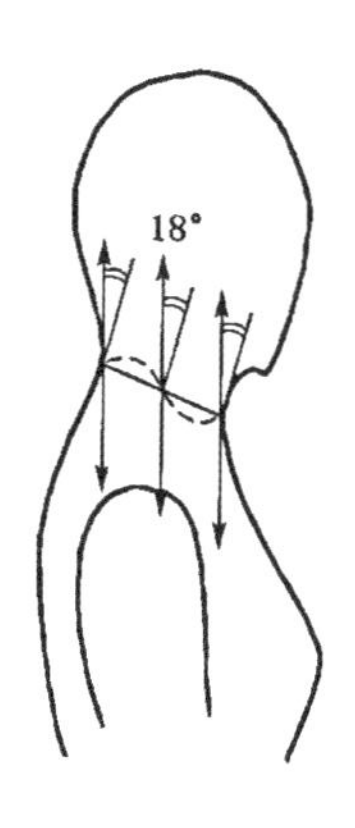

图 3-16　颈部倾斜角分析

服装领围线是根据颈部生理结构产生的，前有胸锁乳突肌而形成凸形，在这凸起点上确定为前颈点（FNP）【图 3-17（A）】，前颈点与斜方肌的下部连成侧颈点（SNP）【图 3-17（B）】，侧颈点再与第七颈椎点连成后颈点（BNP）【图 3-17（C）】，将前颈点、侧颈点、后颈点连接画顺，就形成了领围线。

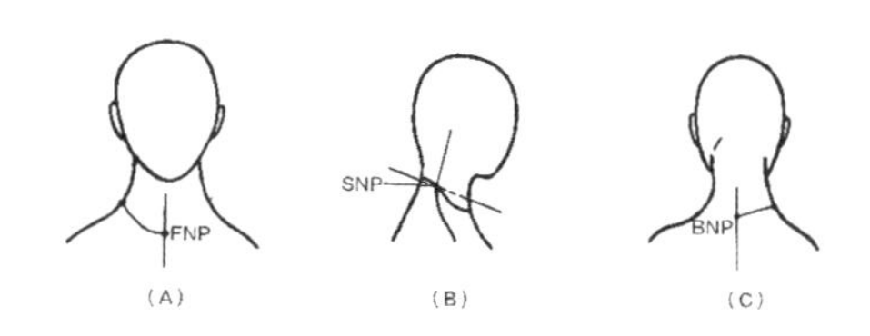

图 3-17　人体颈点与服装颈（领）线的关系

颈部是脊椎中最易弯曲的部分，能做前屈、后伸、前移、后移、扭转及侧屈头部的动作。在领部设计中，横、竖开领的适度放量是适应颈部运动最常用的方法，而贴身式的领部设计常用弹力面料制作。

考虑颈部造型也要顾及头、肩结构关系，领围的宽松量视款式而定。距离颈部体表的空间越大，宽松量也就越大，这是放量规则。半高领式的高度宜在锁骨与喉结之间，以不妨碍颈肩部侧屈运动。

图 3-18 中三种不同领式的处理能说明颈部结构与服装设计的关系。

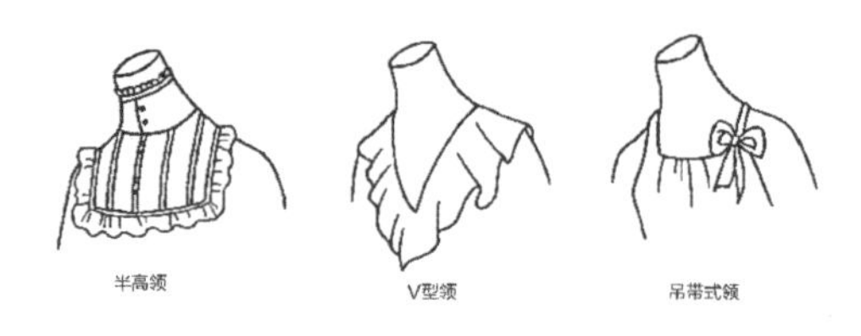

图 3-18　不同领式与颈部结构关系

（1）半高领造型：在锁骨到领口上缘呈上窄下宽圆柱状，领口在喉结部位，既有颈部修长感，又有利于颈、肩、头部协调运动。

（2）“V”型领造型：开领比常规衬衣略宽，使“V”型折角在 50°—60°左右，而保持视觉上的适度，直开领视设计而定，只要不低于乳点位置均可。

（3）吊带处理：系带的悬吊点在颈部斜方肌与肩部三角肌之间，这两块肌肉的接合处呈凹势，正好稳住系带而防止侧滑。

思考与实践：基于颈部结构与体表观察的领式设计解析。

在舞台上经常可以见到一些不够严谨的服装造型出现前长后吊现象，那是因为没有从颈部的结构特征出发。颈部是一个呈上细下粗的圆柱体。从侧面观察呈前低后高的斜势，因此造成前后衣领颈窝弧线弯度和前后衣片长短有差距的现象。同样，领围线的产生也是根据颈部的结构所产生的。

颈部是脊椎中最易弯曲的部分。因此，在考虑颈部造型时也要顾及头、肩结构关系。距离颈部体表空间越大，宽松量也就越大。如对歌剧演员的人体观察上，需要特别注意颈部的结构与运动关系，使衣领不束缚演唱又顾及相应造型。

二、肩部

肩部由锁骨与肩胛骨共同支撑构成，后面的斜方肌与前面的胸锁乳突肌、外侧肩峰的三角肌共同构成肩部的圆弧形态，丰满圆润；锁骨后弯处的胸大肌和三角肌交接处有腱质间隙，而形成锁骨下窝，在肩前部外观形态上出现两侧高、中间凹陷、肩后部呈圆弧形态。肩部体表外观由于颈侧根部向肩峰外缘倾斜，它与颈基部构成了夹角，大约在 10° —30° （图 3-19），女子倾斜角大于男性。肩部的形态对于戏曲服装的靠及制服类服装处理尤为关键。

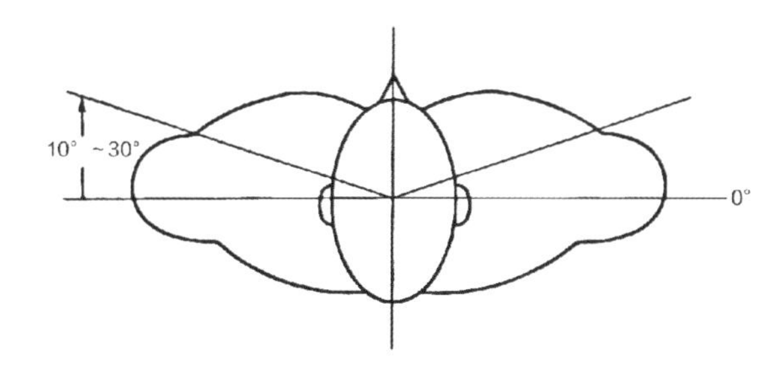

图 3-19　肩与颈部夹角范围

肩部在舞台服装中需要关注男阔女窄、男平女倾的肩部形态的关系。把肩部作为服装造型的主要特征来考虑，常见的服装造型以正常体、溜肩、平肩三种来区别肩部的特征。服装结构与肩部的合适，不仅影响外观，也关系到演员在舞台上的舒适与上肢部活动。

对于服装的肩部处理，确定肩头点是设计的依据。肩头点不是人体肩部结构上的肩峰点，它是指按设计要求而在肩峰处的幅域内确定一个坐标，或前或后、或上或下，而显示背高低、肩宽窄的基准，一般游离范围在肩峰点上下 2—3cm、前后 1—2cm 左右的幅度（图 3-20）。

图 3-20　服装肩峰的幅域

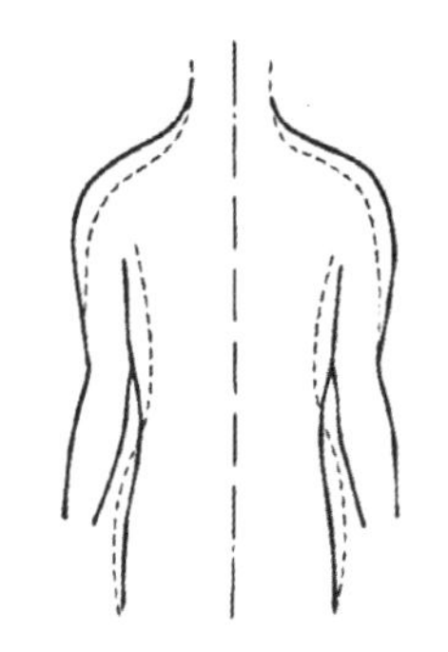

图 3-21　男女肩部的不同斜势（虚线为女性肩部形态）

男、女肩部的正、斜特征差异，对于设计师而言是不可忽视的，男性肩阔略平，女性肩狭略斜，图 3-21 中实线为男性肩形态；虚线为女性肩形态。

在解剖学中，肩部属躯干部分，肩部外侧是躯干与上肢的界线，两者以肩关节相连，肩关节在人体中运动量很大，有提耸、下降、内收、外展、上旋、下旋等活动，图 3-22 是肩关节提耸与下降活动势态。由于上肢运动而引起肩部形态变化，也是设计中要考虑的重要因素（图 3-23），与之对应的是肩部处理中，肩头袖窿线设定的位置把握。从图 3-24 中可以看出，袖窿的不同构成所产生的运动量也不一样。

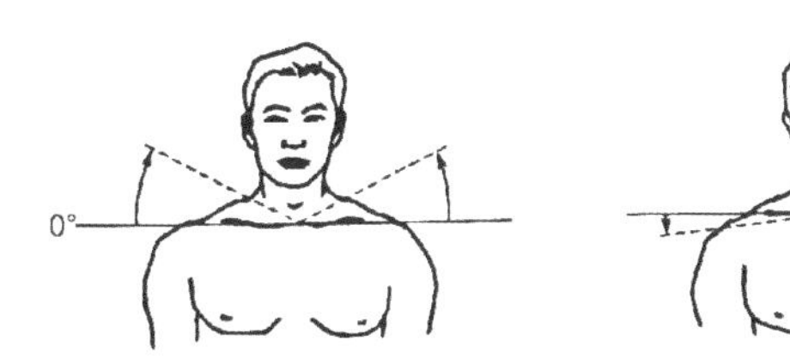

图 3-22　肩关节提耸与下降幅度

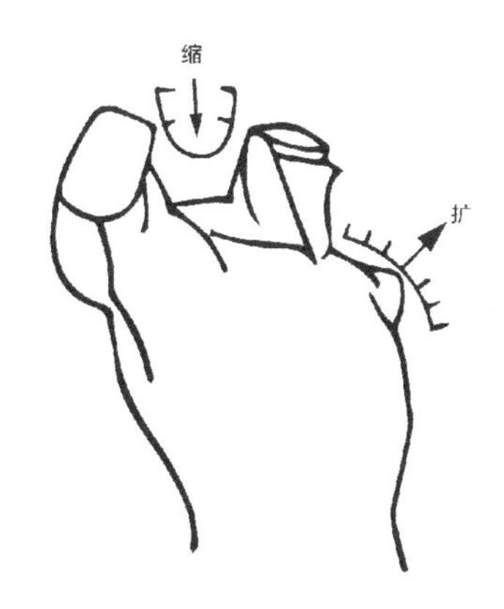

图 3-23　上肢活动（上举与下垂）引起的肩部形态变化

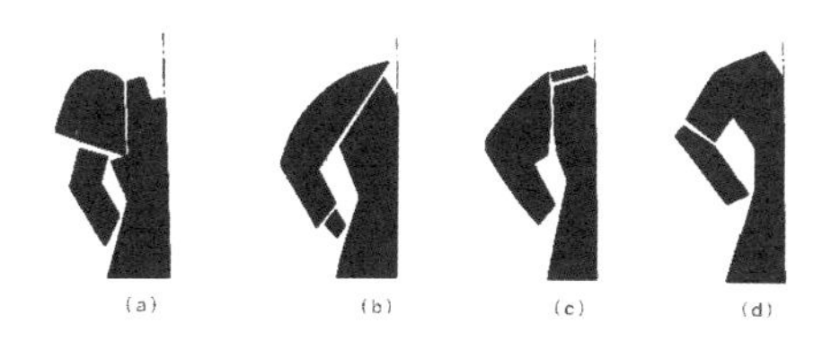

图 3-24　袖窿不同形态所产生的运动量也有差异

a. 肩峰夸大，肩宽缩小，上肢运动量大；

b. 回避肩头点，以颈下锁骨为起点，接合三角肌，使形态与肩部结构的前凹陷后饱满一致；

c. 复肩（yoke）直接划出肩宽，肩头点保持正常位置；

d. 肩部宽度变异，肩头点下移至上臂，形态上加强力量感。

肩部在舞台服装中涉及表演行动的人体重要部位，它尤其关系到武行表演者的活动能量是否得以体现。我们以甲胄为例：其一，肩宽需要在基本尺寸上缩 3 ㎝左右，为了不影响手臂的上举。如果按照正常的肩宽来制作甲胄的褃带，硬体的甲带会严重妨碍上举动作；其二，肩胛下护肩长度需要控制在 28 ㎝之内，超过这个长度会束缚肩部的动作，将对肩、肘部动作与造型同时会有影响。

三、胸部

胸部在解剖学中属躯干部分。出于胸部在舞台服装中的特殊位置，将之从躯干部分分离出来观察，研究它的形态外观与角色服装造型的匹配关系。

胸部总体上有三种形态：狭胸（胸狭长而扁平）；中等；阔胸（胸宽短而深厚）。

胸部的范围指肩部以下，腹部以上。胸部的基本形状由胸部轮廓构成，胸廓包括胸后脊椎（大约第七脊椎至第十八脊椎之间）、前胸骨、十二对肋骨三大部分，外观呈上狭下阔的截面圆柱体，胸大肌在胸上部以半环状隆起，使人体正面躯干出现浑厚丰满的特征，肌肉不发达者肋骨外显，它因体格、营养、发育、年龄不同而异。胸部中部无肌肉的部分有一条纵沟，称之为正中沟。舞台服装结构形态上的左右对称界线以此位置为准，如男女的对襟上装及涉及胸部对称布局的所有装饰。

胸部是女性角色服装处理的关键部位，这个部位的处理成败不但关系到整体形态美，而且对人体躯干部的舒适、卫生、演员声腔表演的心肺活动量是否有帮助起到关键作用。

女性胸部的乳房形态因人和人种不同，差异很大。成熟未婚女子的乳房位置在第二根肋骨至第七根肋骨之间，内侧在胸骨外侧边缘，外侧连接腋窝。乳房大致有四种形态（图 3-25）：圆盘状、半球状、圆锥状、下垂状。不管什么形态，乳房均有方向性，方向轴向外侧斜，乳头位置在两头身高的位置。

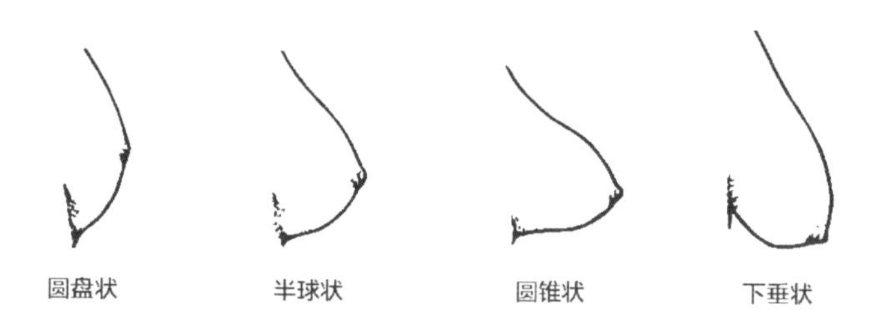

图 3-25　乳房的类型

女性乳房部的体积表现，也就是舞台服装设计中的性别化体现。常用的手段是在肩部、胸侧、腹下打褶抽裥，以求空间体积来展现圆润的乳房。这里要把握一个重点，即无论在什么部位打褶，打褶的褶线缝要与乳头保持一定距离，大约 8cm，目的是不破坏乳房圆锥状的饱满形态。女性角色如果是单薄的上衣，尤其要注意以褶的处理来塑造所规定的年龄、身份，才能在体态上对应角色，并且慎用厚实的文胸。

舞台服装中常有因剧目及表演类型的需求，女性角色服装以文胸为主打造型，如歌舞伎、异域风情等特定角色及特定表演空间的规定而要求展现胸部。舞台服装尽管以艺术效果为主要目的，然而艺术效果的完美离不开人体的合理配置，只有在两者协同、吻合、对应的前提下，才能进一步在舞台艺术表现力上具备绩效提升。

解决乳房部的设计，涉及人体与服装的各个界面，我们以基础内衣

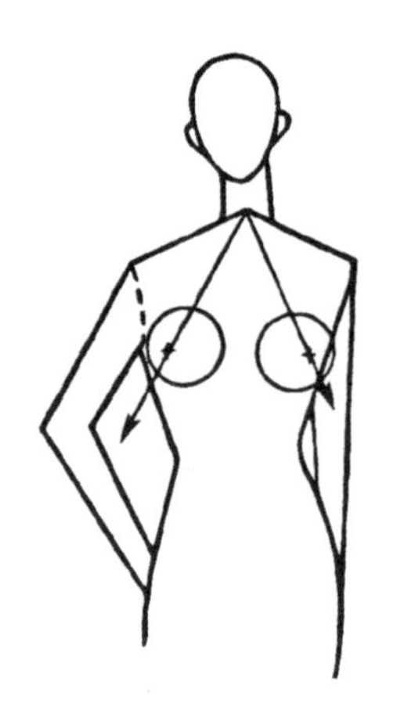

图 3-26　乳房具有外侧斜的方向性

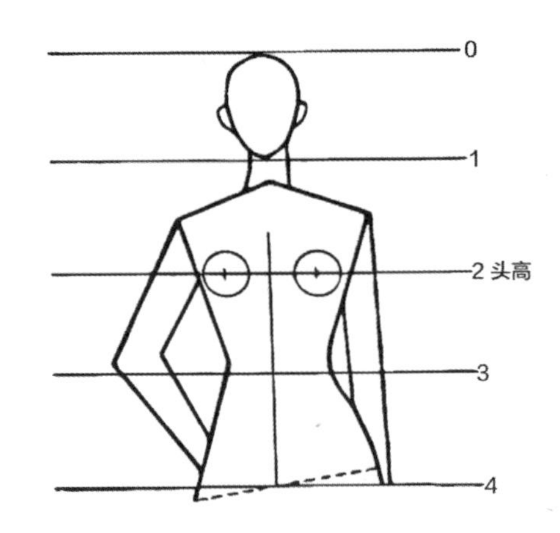

图 3-27　乳点的高度

（Foundation）或胸罩（Brassiere）来分析，可以看出其中的界面关系。图 3-26、图 3-27。

其一，乳房有各种形态，圆盘状、半球状、圆锥状、下垂状，而现今的罩面似乎局限在一个统一的罩面之中，在夏季由于外衣的单薄，时常显示出罩面与着装者乳房形态不匹配的现象，不是罩面顶端空荡，就是罩面大小不一。其二，胸罩束带的压力（松紧度）问题，女性背部肩胛骨下外侧出现多余的凹陷起伏，就是束带围势压力太大而束缚胸腔所致。从卫生学角度来看，长时间过紧束压会影响心肺与呼吸功能，对发育也不利。在此提出了压力适度问题，简单的方法是采用高弹材料，并在背部的扣襻上增加松紧调节。其三，罩杯的覆盖面积应按乳房不同形态设计，而且在年龄段上有划分，因为女性不同年龄段的乳房高低位置、松紧程度不一样，青年女演员应托举与覆盖并重，老年女演员偏向托举，少女演员偏向覆盖。其四，胸罩材料要力求与皮肤亲和，具有吸汗、排汗、透气性能，而不是只求花边与钉钻装饰的花哨，要知道美丽的花边与钉钻大都有不良皮肤触感。

四、腹部

腹部是服装腰身的基准，在基准点的上下移动、曲直变化、松紧定位产生服装腰部的千变万化。舞台服装人体结构中的观察，腹部十分重要，它涉及角色的气质塑造。

腹部的位置在胸廓以下、耻骨以上（除腰椎之外）的无骨部位。截面形态为椭圆形，图 3-28（a）中的虚线为腹部截面形态，实线为臀部截面形态，腹背部中间有凹陷状。

腹部的横切断周径有差异，一般在胸腰点上最小，髋骨外侧点最大，但椭圆形状不变【图 3-28（b）】。正因腹部上下之间有不同的截面存在，允许服装腰线上、下游离而产生不同风格的形态造型。上至乳房下缘，下至髋骨上端，腰际线以上的为高掐腰式，腰际线以下的为低掐腰式。例如，女裙（裤）的“露脐式”就是腰线下移，由髋骨外端来充当支点，最大限度地显示腹部本来形态。

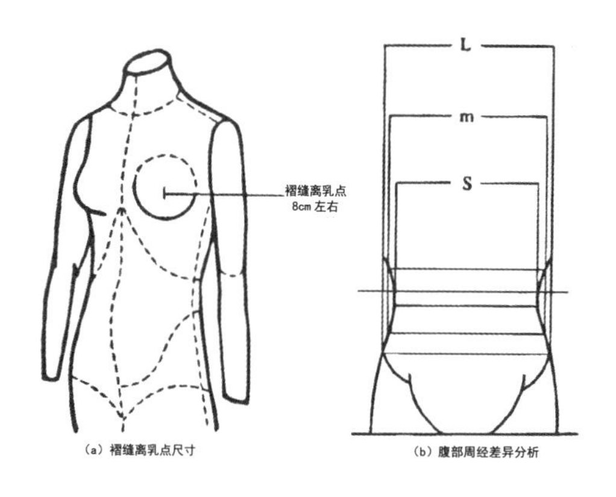

图 3-28　胸、腹部结构分析服装

腹部处理比较自由，自由的前提是腹部与上下肢运动不是直接发生牵连，胸腔与臀部作了缓冲。设计所顾及的重点是：以腹部截面最小处（亦称腰际线）为基准，对下装（裙、裤）有悬挂价值即可，对称与不对称、上移与下滑、侧部抽褶与后腹抽褶均可，指与其他整体造型协调而言。（图 3-29）

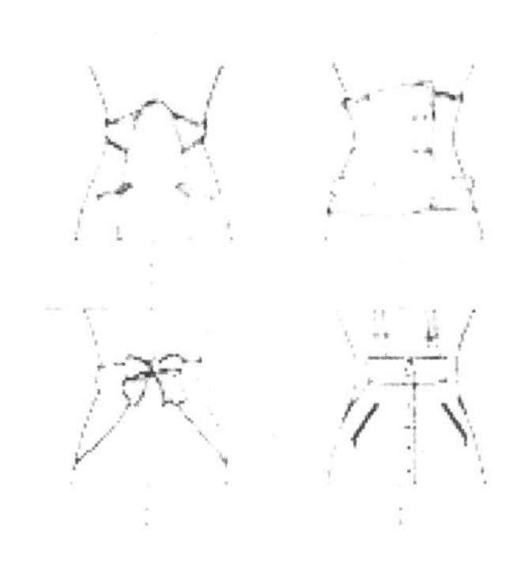

图 3-29 以腹部为中心的不同造型

a. 再现腹部形态，保持腹部形态完整，中心线求对称；

b. 均衡式形态分割，同形不同量，回避对称线；

c. 将腹部作为设计中心，使视点集中于此，强调作用；

d. 改变腹部截面形态，使之平面化、俏皮化，而求青春律动的外观效应。

舞台服装中的腹部观察，对角色服装塑造的重要性体现在对身份，气质，行当的方方面面。可以说腹（腰）的处理是“一根线牵全身”。腹部处于人体的中间位置，它牵上又牵下。同样的一根腰带，它在腹部最小周径上经过上下移动，在结合设计上的宽窄软硬与松紧，处于舞台表演空间之后，角色的气质定性截然不同了。偏向、偏紧、偏宽、偏硬而威武且精气神足；偏下、偏松、偏窄、偏软而随性且颓废。以铠甲为例，腰线偏下而显得角色挺拔，再与厚底靴配合之后，舞台上英武之气应运而生。

五、背部

背部位置从第七颈椎棘突至骶骨，形态丰满的背大肌覆盖在肩胛骨上。正因肩胛骨的位置及其在上举运动中改变着人体形态的作用，故专门列出作出评价，避免设计在静态状态时背部形态合理，而动作状态下失调。

以成年女子上肢上举时背部体表变化为例（图 3-30），当上肢上举运动时，腋窝点水平位置 d 线在上举时有 6cm 的变化，促使衣袖尺寸要加放运动余量。图 3-31 是考虑背部运动量的原型结构图。表 3-2 列出了右上肢运动时背部长度的变化。

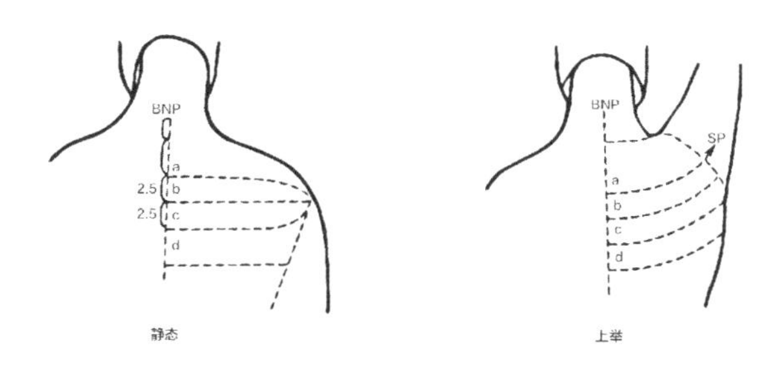

图 3-30　因上肢上举而引起的背部形态变化

表 3-2　右上肢运动时背部长度变化

单位：cm

序号	运动内容		
	下垂	水平前举	180°　上举
a	18.3	0.2	1.8
b	17.5	1.8	0.7
c	17.8	1.7	1.7
d	17	3.3	6.0

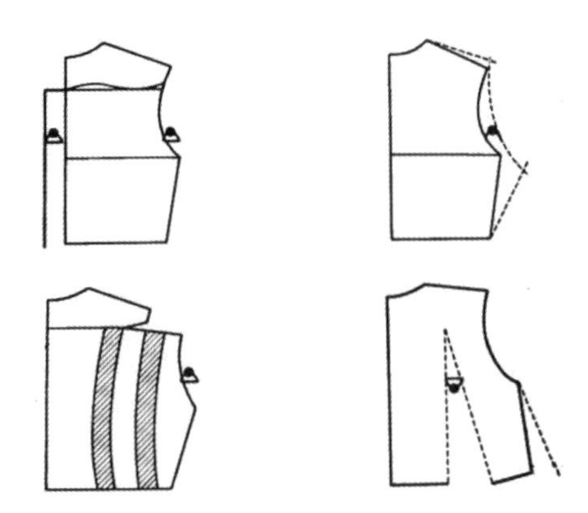

图 3-31　在原型图中的背部放量目的于便利上肢运动

舞台服装中对背部的观察，主要服务于背部有造型的部分。斗篷、云肩、靠衣、旗袍一类的戏装，均需考虑造型与背部的形态与运动关系。如斗篷的后领保持在腋窝水平位置。背部侧面形态上凸下凹的生理结构观察，也影响着服装的造型处理，这一块的塑形需要根据造型来作具体安排。

六、臀部与下肢部

将臀部与下肢部结合在一起观察，是因为这两个部位在服装设计中（尤其是裙、裤类）一般都不会分开考虑，臀部与下肢部互相牵连而共同作用的（图 3-32）。

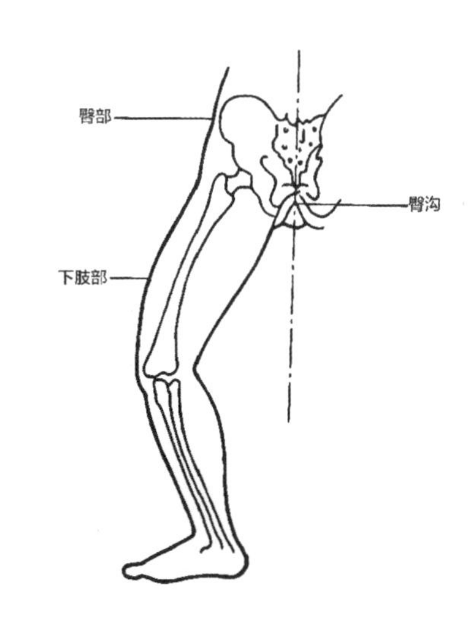

图 3-32　臀部与下肢部互相牵连的结构

臀部位置在腰际以下，下肢以上，臀大肌的作用使臀部呈膨隆状态；下肢由髋关节及膝关节外伸、内收、上提、下曲等动作而产生丰富的运动姿态，人体常见的前屈、坐立都是臀部股关节的作用。由于这两个部分形态、运动、关节活动量错综复杂，相互交叉的影响，服装造型必须以两方面为基准：其一，是把握臀峰处的矢状面高低之差；其二，是膝关节涉及的大小腿之间形态转换。把握臀峰处的矢状面高低之差是裤型中修形（亦称“塑形”）结构是否舒适得体，又不妨碍运动及使生殖器官处于卫生状态的关键。图 3-33 是臀部纵、横剖断体型形态，可清晰地看出纵切断面呈不同的高低差，它要求关注后裤片臀沟的形态与着装者形态的吻合，否则裤子不是紧绷就是松垮。一般来说，臀沟表现清晰能给人下肢修长的感觉，并显得明显的性别特征。

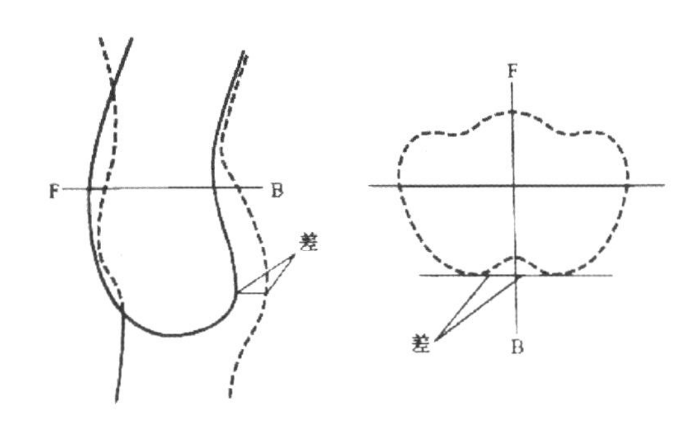

图 3-33　臀部纵、横剖断体表形态

下肢部膝盖处的活动范围（图 3-34），关注这个部分的目的是女裙下摆部分的摆势（摆量）要符合人体运动要求，裙摆的大小与裙的长短直接关系到膝部的运动。裙子越长，下摆越大。裙长在膝上，下摆在设计上可自由发挥。常见的下摆处开衩也是协调下肢部运动的手段之一。

腰腹部和臀部在服装整体中相较胸部和肩颈部似乎显得不那么出彩，但在舞台人体工程学看来，这两个部位的设计却起着举足轻重的作用。首先，腰部连接着上下躯干，并能作出前曲、后曲等复杂动作。因此，如何使其在表演运动中不受服装的制约是要解决的问题；其次，人体的大部分内脏器官集中于此，所以在服装的安全性上也应加强考虑，不能过分使其受压。有些剧目的表演规定，特别强调臂部与下肢的功能发挥，如大幅度的打斗、舞台上的翻滚等，均需要根据此部位的运动结构来设定。

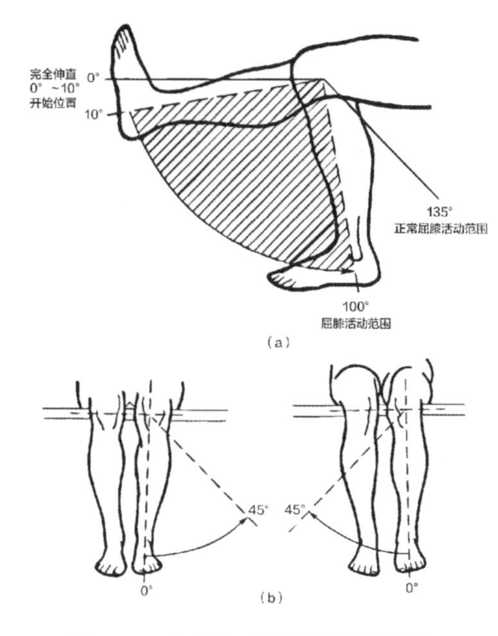

图 3-34 下肢部膝盖活动范围分析

在实际运用中，多采用人体腰围本身的周长来推算臂围的尺寸，这对于舞台服装来说不可取。尤其对胖的演员不适合。在臀部结构的应用上，有紧身和宽松两种趋向，贴合的臀部设计能营造修长感与曲线，宽松的臀部设计则更广泛用于传统的戏曲服装。

七、上肢部

上肢指肩关节以远的部分，与躯干部连接。上肢部是人体肢体中最灵活的部分，能通过肩、肘、腕关节产生多种运动形态。上肢部分分为上臂、前臂与手三部分。上肢部位的肘关节与膝关节正好相反，只能前屈，不可后屈，在静态状况下垂臂时，肘部向前微弯（图 3-35），根据成年女子测定，肘关节屈伸活动范围为 150°（图 3-36）；肩关节伸展活动度约为向后 60°、向右 75°

（图 3-37）。可见，肩关节与肘关节相互运动能产生丰富的形态。

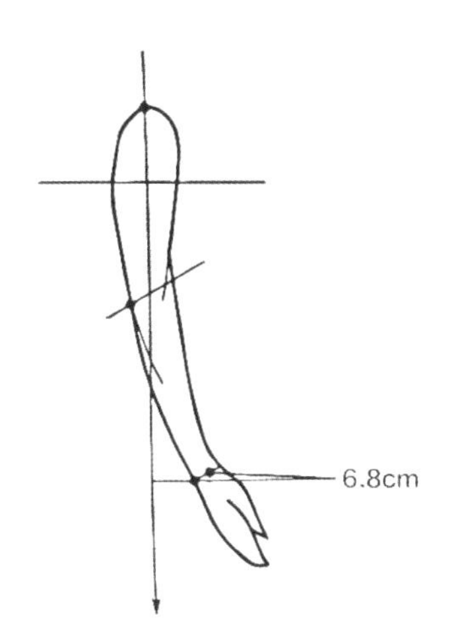

图 3-35　上肢部静态下垂形态分析

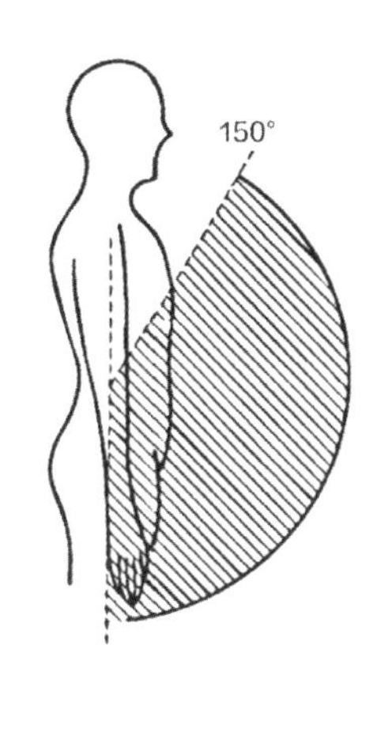

图 3-36　肘关节伸屈范围

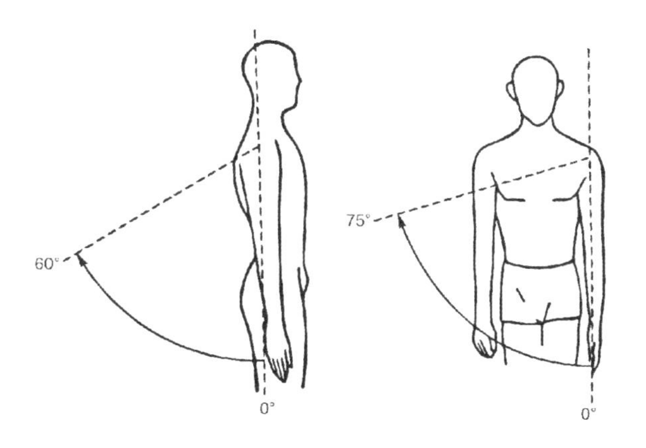

图 3-37　肩关节伸展活动范围

服装中对上肢部的处理，主要是袖型必须与上肢结构、运动相匹配。

第一，袖山头与腋窝形成的袖窿空间量，应以标准型号推档数据为基准来参考，不能只顾设计造型的艺术、新奇。

第二，上肢具有的方向性，要求袖片形态尽量与之对应，“大小袖”的分割能理想地体现上肢形态，“单片袖”只有围度，形态显得笼统概括，当然单片袖式作为表现形态的随意性也是成立可取的。

第三，腋下部位不能厚重，当上肢自然下垂时，上臂部分要贴近躯干，否则在表演中有劳累与不适感，也不符合服装卫生要求。

图 3-38（a）、图 3-38（b）、图 3-38（c）是三种截然不同的造型，它们与上肢部匹配的部分也各不相同。

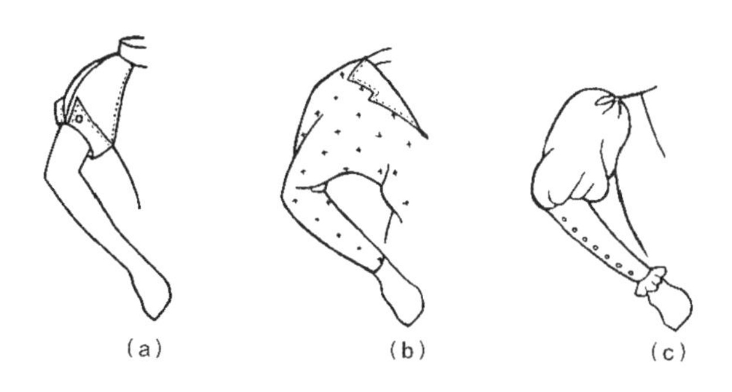

图 3-38　上肢部体表形态与服装袖式的关系

图 3-38（a）肘部充分自由，袖山与袖窿适中；

图 3-38（b）回避肩、肘关节，直接以肩头点与腰侧相连，硕大的空间量，夸大袖窿形态；

图 3-38（c）将上臂与前臂巧妙分开，上臂与前臂形态也富于变化，上臂宽松适应运动与造型，前臂筒形具有对比性。能成为经典袖式的原因，在于人体运动结构与服装造型相得益彰，两者既浑然一体，又各具特性。

舞台服装中的上肢部观察与生活服装相比，前臂与手这个部位比较重要。戏剧角色形象的塑造中手部动作及装束内容如同演员的眼睛，种种重要的传达的情绪价值，所谓“举手抬脚皆在塑造”。前臂与手的人体部位对应角色服装的袖子部位的造型。如常规的袖长是肩头至手腕，舞台服装的袖长变化与差异极大，戏曲的水袖需要在常规的袖长上作 80 ㎝左右延伸，胄甲的护手在常规袖长上作缩减，翻袖及多层袖口的设计更需在前臂与手的整体上作人体观察。

第四节　舞台与角色服装设计的空间表现

舞台服装人体工程学系统的“角色—服装—表演空间”，是一个演员着装的集合概念，规定的表演空间在位置上是舞台三维区域，在观众眼里是对角色造型的评价尺度。

角色服装从不同演员的体表形态，到每个形态各部位上下、左右、前后关联的运动，服装与人体之间的匹配合理性，依靠表演空间及舞台三维形态的绩效来检验。

根据服装造型三维形态空间的立体特征，一方面是从服装造型的长度、宽度、深度这三个方向入手；另一方面要求这三个方向要与人体正侧、前后、厚薄、大小、曲直、凹凸等方向位置与表演空间配合，如果只考虑单纯的长度与宽度，又忽略三维的空间形态，会使角色的服装缺乏体积感与表演生命力。

舞台服装三维形态与人体空间关系，体现在三个方面：一体感表现、量感表现、生命力表现。

一、一体感表现

人体体表各部的标准差及圆周率均有差异，服装空间造型需排除体表各部位对于造型来说冗余的部分。一体感表现通过局部形态三维几何形、整体形态的呼应和谐来完成。三维几何形的塑造，既概括地表现了人体形态特征及结构，又合乎造型艺术多角度构成形象整体化法则的要求。（图 3-39）

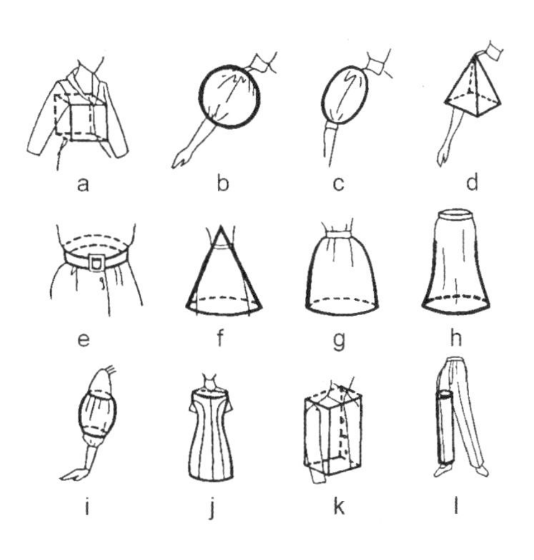

图 3-39　服装不同体量与人体各体表部位的匹配分析

a：立方体腹部（将运动多变的部分置于一个概括的三维形态中）；

b，c，d：球形、椭圆、金字塔形肩部（袖山讲究形态与袖窿服务于运动的结合）；

e：环形腰部（箍的作用）；

f：锥形臀部与下肢部（强调艺术形态与运动量）；

g，h：钟形、喇叭形臀部与下肢部（同上）；

i：灯笼形上臂部（仅作造型艺术效果处理）；

j：沙漏形女性躯干部（女性体侧形态与上下节奏变化的结合）；

k：箱形躯干部（将躯干与上肢部认同为一个整体块面）；

l：管状或圆状筒形下肢部、前臂部（再现形体）。

服装不同体量与人体各体表部位的匹配是一个集合的概念。角色服装的一体感，也就是舞台服装在表演空间的整体绩效。核心点在于删减自然形体中与角色服装造型无用的部分，忽略身体微小的变化与起伏，注重块面来构成空间，使角色服装具有舞台空间的表现力，服务于角色塑造。

二、量感表现

量，指物理的量——体积或数量。量感指心理的量，而不仅指实际体量大小，是一种心理感受。心理的量感表现出的是形态的力度、重量和结实感，通过形态的气韵和精神，构成一种分量来作用于人的视觉。

舞台服装三维形态的量感价值，比一般空间造型更具象、更实用，这是由它艺术属性所决定的。例如，躯干部体量大，但造型处理上没有一定的运动扩容量，不但妨碍运动，就会让观众感觉缺乏舞台力度与结实感，再怎么增设花边或饰品都无济于事。反之，颈部体积虽小，但服装的颈部造型结构如能充分表现颈部生理形态与运动性质，也会显得严谨洗练而富有结实的量感。

影响服装三维形态的心理量涉及其他因素，除舞台空间的结构形态处理之外，还有材质、灯光、舞美，以及观众的心境等。

三、生命力的表现

如果说“一体感”与“量感”是服装三维形态表现人体空间的形式价值，而舞台服装关注空间形态的生命力表现具有深层意义。

这是舞台服装的特性所决定的，在舞台戏剧空间中，角色是第一要素，服装是装扮角色的媒介，它不同于生活服装的意义在于通过服装来展示角色的戏剧生命。

舞台服装空间造型之所以要表现生命力，这是戏剧的假定性所决定的，服装不是为了蔽体，也不是单纯的美观，而是为角色塑造生命力的再创造。例如，生活中某个演员身体自然条件是肌肉松弛、身材矮胖，让人感到他是一位形体条件欠缺的人，而角色规定是健硕的勇士，就需要通过服装三维中以块面来塑造富有男性力量感的几何式线条，能给观众健美、修长的外观，让人感到他是富有战斗精神、充满活力的人。

任何一种有生命的舞台服装空间形式，都应该给观众一股由内向外的力量与生生不息的感受，这种感受类似于雕塑带来的印象。服装造型空间除了三维形态内容，也能通过生命力传达角色身份、性格、年龄等内容。例如，服装空间结构上的不对称处置，使对称的人体形态富有外张力，以均衡的等量不等形来显示力量美。舞台服装空间表层上的装饰，像花草树木、动植物纹样来直观表示与生命的亲和。强化性别特征，通过男、女不同性别形体揭示的夸张外化，显现两性间的性别魅力，而唤起两性间的敬慕，尤其针对戏份中情侣关系服装的塑造。

舞台服装的空间表现，是设计美学中的哲学问题。所谓“生命力”表现是服装在角色身上所体现的活力状态，通常以适度的塑形手法来营造，例如将躯干体块几何化、仿生化、雕塑化来强化角色塑形的力量。舞台服装在表演空间中，角色如果能鲜明地通过服装传达出剧目人物的设定，就是具备生命力的体现。

【思考题】

1. 为什么说舞台服装是与人体相互作用的一个系统?
2. 体型有哪几大类，舞台服装设计师应如何考虑设计与之匹配?
3. 分别阐述人体颈部与女性胸部的生理结构。
4. 如何关注颈部形态“后高前低、后平前曲”在服装设计中的制约?

第四章
舞台服装类型与人体工程学原理

人体形态、运动机构与服装造型的关系作用于舞台服装与演员体表的匹配，而服装作用中的舒适卫生是服务于人体生理系统诸多方面的协调，前者以形态表象为目标，后者以内在机能为对象，本章将对舞台服装类型作用与人体各种关系做阐述。舞台服装既然作为角色身体的外延，也就有着人体生理作用的限定，任何阻碍、抑制人体生理系统要求的服装内容，应控制在一定尺度之内，超越了一定尺度，它就失去价值。在舞台服装行为中，服装与生理系统缺乏和谐的现象比比皆是。例如，裤腰部因腰口压力太大，而在解除压力后，此部位皮肤出现皱褶与瘙痒感；衣服太重而使演员感到劳累与不便；皮肤因化纤服装材料刺激而产生过敏；表演运动后的热量因环境关系未通过水衣彩裤排除，而使汗水在皮肤上流淌，诱发感冒等现象。

随着服装科学与艺术的进步及舞台艺术的繁荣，演员已不仅仅满足于服装的装扮功能，而是开始注重并追求科学地使用服装，在顺应角色塑造的基础上，结合健康因素的考虑。服装满足演员生理作用的舒适，在于它对人体的适度，适度的内容为厚薄、轻重、冷热、排汗与吸汗、透气与封闭等方面。舒适建立在卫生的前提下，卫生保障演员服装穿着表演过程中的舒适，包括具有良好的温度调节性、保护并协调生理系统、适合身体运动等。例如，要使现代舞的连体服达到自然通风换气的卫生要求，必须使服装内部（与皮肤之间）通风换气良好，在服装与人体体表之间保持 1.2—2.5cm 的空间，而使空气对流呈“烟囱效应”，尽量回避设计上的束带、系扎、抽褶。这就要求舞台服装尽量关注造型与演员身体的生理内容的匹配。

第一节　舞台服装与演员体感温度与穿着量

舞台服装与人体的运动量涉及演员穿着的舒适性及与表演空间等一系列关系。演员置身于表演空间中的服装工程指标与表演的运动量、穿着量、压力、舞台温度、舞台空间的气温条件密切相关，任何一个指标产生变化均影响着演员对服装的综合评价，体验也各不相同。长期以来，舞台服装只注重角色造型的艺术效果，忽略它对演员身体防护及舒适卫生功能的关注，总是让演员在服装上迁就，容忍种种不足。

舞台服装穿着量，与生活服装本质上相同。指人体穿着服装的厚薄与多少的幅度。人体为适应外界环境条件，适当穿衣能形成舒适的体表气候，有助于体温的调节。需要穿多少件、是厚是薄，不是按单纯的美学要求或着装者的好恶决定的，而应按环境条件、气温、湿度、风速、职业等客观状态和年龄、性别、体质、营养状态、运动情况等人体即时条件合理穿着。例如，一件衬衣在不同情况下的穿着量评价。（表 4-1）

根据表 4-1 可见，服装穿着量在同等条件下，运动量起着调节体温与服装穿着量的重要作用。

至于穿着服装的厚、薄问题，褒贬不一。一般认为穿着“薄”比“厚”好，原因是少穿衣服能增加人体对寒冷的抵抗力，通过气候刺激来锻炼体质。而穿得厚会使人体躯干形成高温高湿的气候，而使体热散发不足妨碍新陈代谢。

从服装人体工程的界面关系来看，穿着厚、薄主要与体热产生量有关，体热产生量涉及衣服里皮肤的温度、气流、服装内温度等内容。

表 4–1　一件衬衫在不同情况下的穿着量评价

环境、温度、天气、风速等	年龄、体质、营养状态	运动状况	穿着量评价	
			合适原因	不合适原因
空旷地，10℃，阴，4 级风	25 岁、健壮、发育良好	静坐一小时	—	体内产热量仅 168kJ，冷感明显，气温低
同上	同上	急走一小时	体内产热量达 1680kJ，热量能足以补充衣量的不足	—
室内，8℃阴雨	40 岁，体弱，营养一般	同上	—	气温低，体内产热量仅 168kJ 左右，体质弱耐寒性差
室内，25℃晴	同上	同上	气温弥补其他不利因素	

皮肤温度受服装量的支配，测试表明，穿三件套 (衬衣、西装、西裤) 在 15℃无风环境下，如脱掉上装，躯干部皮肤温度会下降 1℃左右。服装的多少 (层数) 与皮肤温度有直接的关系，服装密度越高，对人体与环境温度的隔绝也就越大，从而使皮肤温度上升 (体热散发受阻)。服装密度高，限制了服装内部气流的对流，每多一层服装，服装内气流要减少一半左右。另外，在一定规格的穿着量上 (指气温与服装静止状态匹配)，人体处于运动状况时，服装最内层的温度也会上升，上升的指数受运动量的支配，一般薄型服装比厚型服装低半度左右。

舞台服装出自“角色—服装—表演空间”系统的特殊关系，演员的皮肤温度受表演空间的环境影响，与灯光的作用尤为明显。光的本体是一种处于特定频段的光子流，光源中电子获得了能量，能量转化成热量，这个热量又与光的光源、波长、反射与吸收相关。同样的舞台服装在不同光源及反射吸收的差异下，演员的体感温度各不相同，如热辐射高的白炽灯比 LED 光源低。同时，还需关注同样的光源下，服装的反射与吸收、颜色深浅、光洁程度等，均制约着演员的体感温度。舞台上光源的数量及舞台空间的面积也是值得综合评价的指标。

舞台服装人体运动的穿着量问题与服装压力相关。在穿着量与服装压力的关系上，涉及造型、材料、工艺、环境等一系列因素。

服装压力，指服装作用于人体体表的力度。一般来说，舞台服装对人体与服装压力关系忽略不计，因为它对于舞台造型艺术的效果没有直接的联系，仅是服装人体卫生学关注的问题。然而，本着让“服装适应角色”，而不是角色去适合服装的前提，要求舞台服装在创意及体现服装造型中顾及它的作用，舞台艺术行为只有以科学知识作保障，才能在体现中更趋合理。例如，用透明尼龙丝制作的舞台服装，可能在展现性感的创意方面比较成功，但这类面料由于缺乏一定的重量要求，它与人体很难产生压力关系，显得飘散而没有悬垂势态，更谈不上勾勒女性形体线条，同时，这类面料与皮肤缺乏亲和力，吸温透气差，不合乎卫生要求。再如，厚重并带夹层的帆布上装，风格上可能粗犷而富有男性角色的刚烈感，但由于过分厚重 (加上长时间穿着) 而压迫双肩与胸部，压力超过服装压力的允许值，而使演员穿着后倍感劳累。以上两例可以看出，服装压力过小或过大均不合乎舞台表演中人体生理要求，即使为了达到美化的目的而必须加压 (或减压) 不可，也要巧妙布局，并考虑压迫时对人体影响的程度。

服装压力在演员身体不同部位反映不一，它还涉及服装重量、式样、材料、工艺处理等关联因素。款式对各部位压力的影响因灯光、款式、材料等因素的不同，人体所受的压力也不尽相同，如舞台上灯光热量大于舞台下（或日常生活中）光的热量、男装大于女装、外套大于单衣、悬吊大于裹缠、机织材料大于针织材料、夹层结构大于单层。服装人体工程学中通过对女子直立着装时 (着普遍套装) 身体各部位承受压力的测试，受压主要部位是肩部、腰侧 (腹) 部，柔软而伸缩力大的部位没有附加异常压力，舞台热量小的压力数值大于舞台热量最大的数值。

服装对人体各部位压力，主要体现在服装款式与材料方面，也是需关注的内容。体现在服装款式方面，指不同结构的款式导致人体不同部位分担的压力不同，图 4-1（a）至图 4-1（d）分别显示了压力承担的情况 (有箭头处为压力支点)。

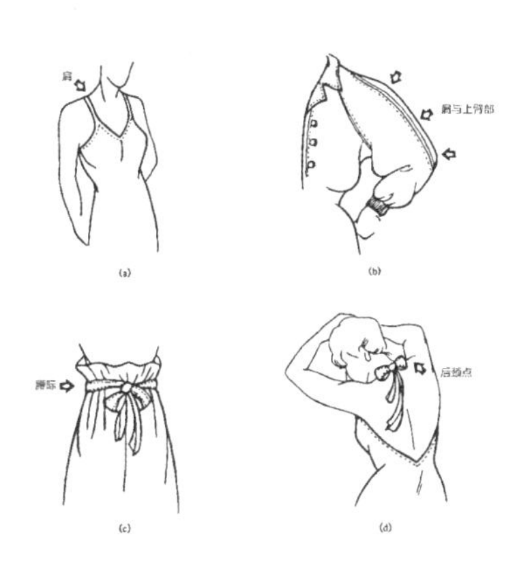

图 4—1 不同款式与人体各个部位的压力承受情况

肩与上臂部不同款式与人体各部位的压力承受情况：

a. 主要压力在肩胛骨间。在肩部斜方肌与三角肌交界处有凹陷势态，正是服装给予人体压力的最佳部位。

b. 套袖结构使压力在肩、臂部呈分散状态，肩头点与肘、腕共同分担服装压力。

c. 压力点在凹陷的腰 (腹) 侧，它的压力承受力仅次于肩部。

d. 压力点在颈椎处，担当袒背式晚礼服主要的吊悬压力。

服装材料也对压力产生作用，例如，高弹材料的紧身裤 (袜)、紧身内衣、泳装，它们对人体的压力由于材料作用而被分解，压力支点不是固定在某一位置，而是平均分布。

第二节　舞台服装人体工程的特性要求

舞台服装与生活服装在人体工程学中的特性要求具有共通性，只不过前者以舞台装扮为主，后者以适应日常生活为目的。

人体和衣服构成一个系统，它们之间相互作用而具有相关性、集合性、目的性、动态性等主要特性，以满足人体综合要求为目的，设立的评价内容是满足人体穿着方便和穿衣感觉的实效。

人体的特性有着形态、运动机构、生理条件等客观的存在，衣服特性的确立与评价必须以此为轴心，在顺应、匹配、和谐默契中最大限度地满足这个轴心的运动要求。下面对人体与衣服特性的要求进行综合评价，为舞台服装设计提供参考。

一、与体表一体性

所谓体表，指人体的外在结构和形态，是由骨骼、肌肉、皮下脂肪的差异而呈现的不同表象。它的差异决定服装的差异。无论什么造型的服装，均体现它与人体体表的紧贴程度，或松或紧、或长或短，这些松紧长短必然与体表接触，并要求它具备皮肤的机能，期望衣服成为与人体体表一体化的东西。造型与体表协调及材料上的柔软、伸缩及弹性至关重要。在设计的初始阶段，考虑人体体表与衣服空间的容许量，应根据性别、年龄、体型、各部位尺寸来确立。

二、可动作性

可动作性与人体体表一致的特性有关，指衣服要满足人体形态的可动范围，及皮肤的伸缩、呼吸等人体运动属性。

衣服的运动及人体动作的运动要适应，不能有牵引感、束缚感。如吊带裙裤既不能在肩部有拉紧、抽直状，也不能松垮，以满足脊椎最大弯曲量为可动值。青少年女性演员的紧身衣不宜用无弹性材料，否则包紧身体不便动作。

三、复原性

复原性体现在服装能随人体运动而变化，而当人体运动结束时，衣服能复原的性能。除了结构上的牵制外，要考虑材料的压缩弹性与伸缩性。演员肢体的复原性高于常规人群，这与他们日常的肢体训练密切相关。

四、吸汗性

吸汗性是为调节人体生理机制考虑的。人的出汗量可分为有助于体热发散的有效汗量、皮肤上的附着汗量、流淌下来的汗量三种。有助于体热发散的有效汗量，可以用吸湿性、放湿性、通气性与含气性好的衣服来解决。正因为出汗量因人身体状况部位、季节、环境而异，服装与人体皮肤另构成一个界面系统。

五、衣料与人体合适性

衣料与人体的配合，涉及纤维性质、织造方式、款式定位等各种关系，在人体与材料一章中将作系统分析。这里讲的衣料与人体的合适性，仅指选择合适衣料的几项常规特征，可分为四个属性来考虑。

（1）满足人体运动属性。以柔软、伸缩、压缩弹性为佳。如杂技服、运动服、修形装束应首先考虑选用此类性能面料。

（2）满足生理属性。以吸湿、通气、含气性好为佳，解决演员因服装而导致的人体发汗闷气感，并使人体内过剩热量得到散发，面料中如果空气保有程度和通气性一致，还为体温调节起作用。

（3）满足力学属性。如耐磨、耐疲劳性、刚软度，一般爬竿等杂技服装均需考虑这个属性。

（4）满足质量属性。指服装的耐色性与缩水性，要达到基本指标，否则再好的形式与色彩也会失去价值。这方面尤其在贴身内衣中需要考虑。

第三节　表演类型与服装动作规定分析

舞台服装服务于不同的表演形态，塑造对应的角色，承载着戏剧叙事作用。基于舞台服装对应表演种类的规定，要求在功能绩效上对表演作提升而不是妨碍。“角色—服装—表演空间”系统关系中的表演空间，也就是不同的表演种类，或者说是剧种，如话剧、舞剧、杂技、歌剧、戏曲等，它们的划分有的是从表演形态，有的是从唱腔，有的是从功能。作为舞台服装来说，不管是何剧种或者类型，其装扮角色与服务于表演是共同的。装扮角色受制于戏剧艺术的创意与构想，服务于表演种类则是服装人体工程学的内容，着落在角色与表演空间的评价指标之中。

服务于表演的舞台服装，一个最根本的功效是配合动作，否则任何艺术成分的价值失去意义，再好的设计方案也难以实现。这里的“动作”，指经演员装扮的角色在表演空间中呈现的运动系统，是演员肢体位置的变化过程。表演靠动作来塑造角色，角色以动作来展现戏剧内容。舞台服装动作的绩效是经装扮的服装载体是否强化或帮衬表演者对肢体行动的展现。

舞台服装与动作，也就是说“动作化的服装”是一个不可偏失的舞台服装人体工程学理念，所有的服装应有肢体性，失去肢体性的舞台服装只有陈列意义。动作性在舞台服装中的强调，出自动作是表演的需求，动作与肢体运动相关，服装又是肢体的外表，肢体与服装是一个系统。舞台服装对动作的要求有不同的侧重，这是表演类型及动作幅度决定的，需要根据具体表演情况而进行分析。

不同表演类型中的服装动作肢体化，由表演而定。例如：戏曲服装“行头”中的丑角服装，无论是传统程式造型还是改良创新设计，服装在演员身上必须做到以“三紧”来服务于表演。所谓“三紧”，就是腰部、手腕部、脚踝部不得松散肥大。这种动作化服装的“三紧”，是与丑角表演的翻跳扑跌、屈膝、蹲裆、踮脚、耸肩等密切配合，服装成了动作的一部分，也是表演的一部分。戏曲服装对动作的要求比其他门类的服装更高，这是表演属性所决定的，所有行当的服装需要对应演员的甩、踢、抖、挑，也就是服装具有可舞性。如靠衣的各个甲片以及背后的靠旗都要可以舞动，开打起来四下飘荡，帽翅上加弹簧及衣袖上加水袖等表演功夫的显示，都是要依靠动作化的服装。

通过特殊尺寸的修型来提升舞台服装动作的绩效。也是舞台服装人体工程学的内容之一。所谓“特殊尺寸”是指在常规的尺寸上根据服装造型及表演动作幅度而设定的长短宽窄。例如，仪态威武的铠甲，软甲尺寸“宁大毋小”，硬甲尺寸“宁小毋大”。软装盔甲如果尺寸偏小，会束缚身体妨碍动作；尺寸偏大可以用腰箍或绳带来调节。硬甲如果尺寸偏大会在身体与服装之间形成较大的间隙，而使动作游动，尺寸偏小对身体有种包裹性，紧紧的护手及甲片的捆绑使得角色精气神十足。再如，硬甲肩宽的局部尺寸为了帮助动作，在制作上需要比正常的宽度偏小 2—3 cm，目的是不影响演员表演中的抬手臂动作。

舞台服装动作化的提升，涉及舞台服装设计阶段“静与动”的意识问题。通常舞台服装设计图是平面的、二维的，可以说是静止的，而舞台上的演员的服装是动态的、三维的，呈现是动态的。这就需要在设计的初始阶段将最终的演员动作绩效通盘考虑。例如，舞蹈服装中女舞者的裙装，裙摆必须要大，大的程度需要根据演员抬腿的角度，两腿间 90° 以上的肢体动作，需要褶间的量或者多片结构来保证。舞台服装中有些类型的服装基本上依靠动作来完成表演，如杂技或者杂技距等靠演员身体技巧与高难度动作，在身体技巧、平衡动作上密切需服装配合。这类服装的动作规定内容侧重于躯体关节点的运动，要求无论什么造型设计 以关节运动规律来构想艺术效果，任何阻碍关节运动的设计均无法协助身体技巧的完成。

附：演员鞋动作化模块设计（图 4-2）

脚部结构上下及前中后局部分解，根据脚的结构、运动鞋特征来处理，增加运动的舒适性，功能上强化角色在表演空间中的绩效，鞋与脚浑然一体，随脚的不同运动而减少束缚来配合动作。（见图 4-2）

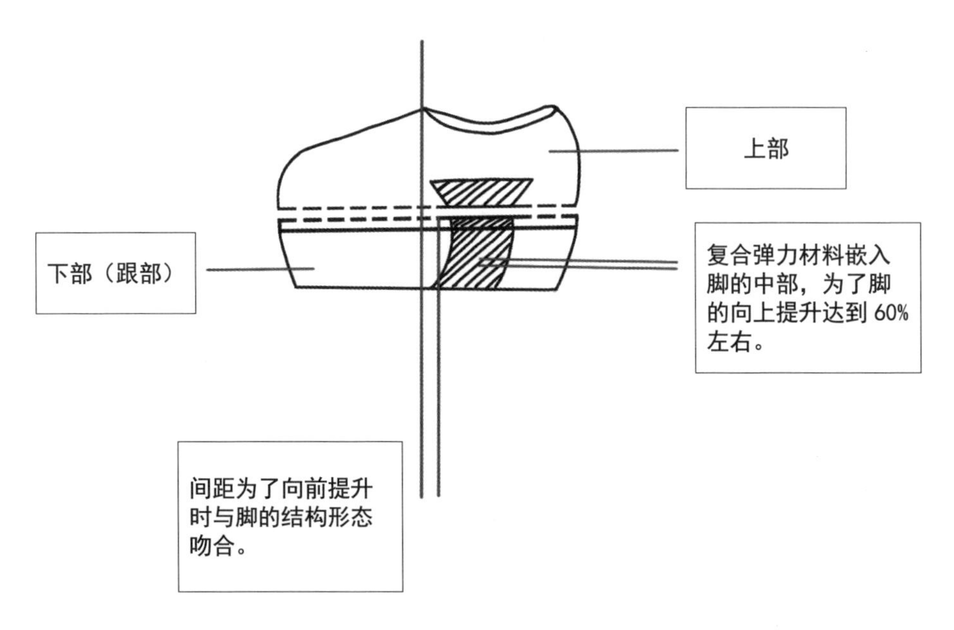

图 4-2　演员鞋动作化模块设计

演员脚部不觉得有鞋是最合适的。无束缚及僵硬感才是与脚的结构、形态、运动一致而提升演员舞台表演动作的绩效。

【思考题】

1. 为什么舞台服装要考虑演员的服装穿着量?
2. 舞台服装中动作因素的重要性有哪些?
3. 舞台服装有哪些人体工学的特性要求?
4. 舞台服装的卫生学内容有哪些?

第五章
舞台服装人体工程与材料系统

材料是舞台服装的重要成分，是角色装扮的物质，是演员赖以进行舞台表演和揭示戏剧内容的物质基础，与角色和表演空间密切相关。舞台服装人体工程中的材料，具有多元属性，视觉上满足观众的观赏要求，肌理上营造角色的身世，归于设计的艺术指标，价值上需要配合表演动作展开，理化上对演员身体维护而要求舒适卫生，归于物化的生理指标。可以说，舞台服装人体工程中的材料是艺术的物质、物质的艺术。

一切既能体现角色造型的艺术效果，又能符合服装人体工程指标的物质，均是舞台服装的材料。它与常规的日常生活材料有着极大的差异，这与戏剧对角色的假定性、塑造性、高于生活性相关。例如，箱包上的金属扣是用于装饰点缀及闭合功能，而运用到舞台角色的胄甲身上，成了威武与雄壮的身份标识，前提是面积、重量、位置不能妨碍肢体运动。舞台服装材料的不拘一格是艺术所企求，不拘一格的前提是所选用的物质必须合乎角色的身体规定与需求，在“角色—服装—表演空间”系统只能提升，而不是削弱与阻碍。

舞台服装归属于艺术设计门类。一个重要的划分点在于它具有运用一定材料，为演员包装及生理要求服务的属性，以表演为目的，对象是观众。它并不像绘画与音乐那样可以由艺术家在没有表现媒介限定及功利要求的前提下，自由地展现艺术精神与形式，服装的表演功能要求与材料匹配，使它比其他艺术形式更直观、更丰富、更有操作性。薄如蝉翼的印花乔其纱、柔软如水的软缎、平挺规整的精纺花呢……像音乐那样由不同的音色构成丰富的“乐章”，这里的“乐章”是否和谐动听，不单是以视觉美感为标准，它要求这些内容与人体配伍、与角色对应、与身份匹配，并强调舞台效能的绩效，由此导出了舞台人体工程与服装材料的界面内容。

舞台服装材料系统中，大部分是借用生活服装的面料，特殊材料仅在角色的特别塑造时才被运用。

随着人们生活质量的提高及纺织科技的发展，服装面料日趋注重对健康、保健的需要与外观形态美的结合。例如，对织物进行的抗菌、防臭、增强人体微循环、抗静电、反光、阻燃整理、砂洗、免烫整理、液晶变色、镂空等各种整理和处理方法，真是不胜枚举……可以说，服装面料从兽皮树叶到今日功能各异的品种，始终注重面料如何更合理地与人接触。文艺复兴时期意大利人创造的针织紧身裤，开创了服装面料修形保暖（勾勒下肢形态，柔软而富有压缩弹性）的先河；1959年美国杜邦公司研制的莱卡纤维（Lycra）更使人体会到什么是肌肤的亲和感（合体、伸缩性强、保形好）。在“服装适应人”的行为意识下，追求服装面料最大限度地满足人的生理、心理需求，显得大有潜力可挖。例如，对化学纤维的进步改良与整理，使之在吸湿、舒柔、卫生方面能与天然纤维媲美；天然纤维在保持其对人体肌肤有益的基础上，使之具有化学纤维的抗皱、定型、挺括等优良性质；面料在舒适性、伸缩性、导热性、防水透气性等方面更加完善。

从舞台服装的角度来看，把握面料的性质，在面料与款式中创造表演的绩效，服务表演者身体舒服与卫生的功能需求。如液晶服装，根据光谱波长不同的反射产生不同色彩，而不同色彩产生不同的热交换值，起到人体与服装的热辐射调节作用；空气层的服装，能根据舞台环境温度而自行调节衣服透气性能，有助皮肤新陈代谢；卫生保洁服装能抗菌、抗霉、抗尘病，以免演员人体机能受损。所有这些富有前景的开发，既依靠纺织面料研制者科学创造作保证，也要求舞台服装从业者含有强烈的人体工程意识。服装面料是一个独立的系统界面，它涉及服装材料学的所有内容，并与人体工程所要求的界面发生必然的联系，它们之间的配伍情况决定角色与服装的科学价值。

第一节　角色—服装界面中的材料内容

舞台服装材料，大多以常规的纺织服装面料为主，是运用最广的基本材料。

面料，指纺织面料而言，是服装材料的主要内容，是服装的物质基础。

无论什么面料，它的形成都由三大环节构成：纺、织、整理。此三大环节既独立又关联，每个阶段的处理、定位、选择均关系到面料对人体的服用价值。例如，在后道整理中，使用柔软剂或树脂整理，如果纤维是选用乙烯合成树脂类，它就不可能成为最佳的内衣面料；反之，在纤维选择中选用高支优质棉，而机织工艺并未经防缩防菌处理，也不能成为理想的内衣面料。可见，面料的服用性能涉及各个环节，是各环节之间的综合反映。纤维与人服装的关系。

面料生产过程：

纺纱织造整理面料（纤维→纱线）（机、针织、编织→坯布）（漂、染、印花、性能整理）。

用于面料生产的原料，种类虽多，但不外乎天然与化学纤维两大类。

常用纤维与角色—服装的关系见表 5-1。

表 5-1 纤维与角色—服装的关系

<table>
<tr><th colspan="2">纤维种类</th><th>学名</th><th>商品名</th><th>与角色—服装关系</th></tr>
<tr><td rowspan="4">天然纤维</td><td rowspan="2">植物纤维</td><td>棉</td><td></td><td>最佳的内衣材料，排汗与吸汗性强；宜做戏贴身类服装</td></tr>
<tr><td>麻</td><td></td><td>轻微刺触感，透气性强，挺直；宜做衬衫、衬布</td></tr>
<tr><td rowspan="2">动物纤维</td><td>毛</td><td></td><td>柔软而有弹性、吸水性强；宜做外套，冬季服装</td></tr>
<tr><td>蚕丝</td><td></td><td>与皮肤亲和力强，冷感；宜做夏装、领带、旗袍</td></tr>
<tr><td rowspan="7">化学纤维</td><td>再生纤维（注）</td><td>改良人造丝、铜铵纤维</td><td>粘胶纤维</td><td rowspan="2">外观漂亮、染色好、宜做女性角色服装、童装、外衣</td></tr>
<tr><td>半合成纤维</td><td>醋酸纤维、三醋酸纤维素纤维</td><td>纤维素酯纤维</td></tr>
<tr><td rowspan="5">合成纤维</td><td>聚酯胺纤维</td><td>锦纶、尼龙、卡普隆</td><td>宜做装饰内衣、童装、上衣、运动服、线</td></tr>
<tr><td>聚酯纤维</td><td>涤纶</td><td>吸湿性差，不宜直接与人体皮肤接触；宜做外套</td></tr>
<tr><td>聚丙烯腈纤维、聚丙烯腈纤维系</td><td>腈纶、开司米纶</td><td>不宜与人体皮肤直接接触，保暖性强；宜做毛衣、冬天外套</td></tr>
<tr><td>乙烯合成、树脂纤维</td><td>维纶</td><td>耐湿热性极差，回弹差，不宜做内衣；宜做工作服</td></tr>
<tr><td>聚脲酯纤维</td><td>伸缩纤维</td><td>宜做内衣</td></tr>
</table>

棉：在所有纤维中，棉纤维是皮肤接触最舒适的纤维，也是最卫生的纤维。它具有清爽的手感与合适的强度（断裂伸长率为 6%—11%）。正因棉纤维内腔充满不流动空气，而使静止的空气成为最好的热绝缘体，它也是保暖内衣的首选原料。棉纤维可塑性强，在 105℃状态下，经蒸发水分的同时加压，可任意改变它的形状。

麻：植物纤维素纤维，麻的种类很多，其中苎麻最为优良。吸湿、透气、卫生、快干，适宜做夏装衣料。但手感较差、有褶皱，需要改性或混纺来使之成为更理想的材料。

毛：蛋白质纤维，毛纤维的种类也很多，常采用绵羊毛和山羊绒。毛纤维保温性能良好，伸展与弹性回复力优，不容易起皱，富于吸湿与柔软度，还有适当的挺度，是做外套的理想材料，对运动中的人体捆缚性小。

蚕丝：天然纤维中唯一最细最长的纤维，一般长度在800—1100m，细长的纤维使丝绸衣料有柔软的手感与自然的垂性，自然的垂性是产生优雅仪态的关键。同时，其光泽与染色性好，各种美观的图案最好借用丝纤维材料来印制。蚕丝纤维耐盐的抗力差，如果作为戏曲服装衣料，一旦被汗水浸湿，应马上冲洗干净（不宜浸泡），不然既不符合卫生要求，也会使纤维组织受到破坏。

尼龙：纤维结实且伸展力好，质轻而柔软，这种对人体压力小的材料适宜做儿童剧、杂技类耐磨的服装。

涤纶（学名聚酯纤维）：是面料中运用最多的纤维，因为涤纶分子呈平面对称结构的紧密排列，弹性足、强度高、尺寸稳定性好，有“免烫纤维”之美称。它不适宜直接与皮肤接触的原因是吸湿性差，即使作为外套材料也有发闷、不透气之感，一般涤纶纤维需要与其他纤维混纺，以达到扬长避短的目的。

腈纶（聚丙烯腈纤维）：具有轻盈、体积大、蓬松、卷曲、保温性佳等特点，而与羊毛相比又存在（弹性接近羊毛，保暖性比羊毛高15%）耐磨性差、易磨损、断裂、起球等缺点，宜与其他纤维混纺。它在人体体表的最佳位置是贴身内衣与外套之间（也可作外套材料）。

氯纶（聚氯乙烯纤维）：因其分子中无亲水结构，制成内衣裤后经人体摩擦会产生静电，对关节炎可起到类似电疗的作用。氯纶服装只能在低水温中（30℃—40℃）洗涤，超过70℃时会缩成一团且变硬，所以做动物类服装造型最适宜。

氨纶（聚氨酯弹性纤维）：目前运用较广的“斯潘齐尔”（Spanzelle）、“莱卡”（Lycra）均属此类。它的延伸度可达500%—700%，回弹率在97%—98%，弹性优于皮肤数倍，而且耐汗、耐干洗、耐磨。用于合体修形类的舞蹈、杂技服装。

对于舞台服装来说，市场上既没有十全十美满足角色需要的纤维，也没有毫无价值的纤维，纤维的存在均有显示自身优势的项目。关注纤维性能，扬其特长，抑其缺陷，注重纤维性能对表演的绩效发挥，是需要考虑的内容。

由不同纤维构成的纱线，为面料的织造提供了可能，面料的织造是面料形成系统中的第二阶段。面料的厚薄、粗细、疏密、松紧等布面肌理与质感均由织造方法与工艺决定。

面料织造方法有机织物（亦称梭织物）、针织物、花边、无纺布几大类。

机织物的结构、外观风格及物理力学性能是通过织物组织（经纱与纬纱相互交织的规律）的不同编排来实现的，织物组织分以下几大类：

a. 一重组织三原组织。

平纹（有细薄、平整、结实的细竹布、格子布）。

斜纹（有牛仔布、哔叽、轧别丁）。

缎纹（柔软光泽的丝织物）。

变化组织——变化三原组织。

混合组织——将以上二组织混合变化（外观特征丰富，有立体条、扭曲、小孔形成图案、凹凸蜂巢纹样）。

b. 多重组织。

经二重组织（毛织物的牙签）。

纬二重组织（毛毯呢）。

复杂组织（丝织物中锦、缎、绒、灯芯绒）。

c. 纱罗组织（织物表面有均匀小孔、透气的夏装衣料）。

d. 凹凸组织（凸条之间有细凹槽，立体感强，丰厚柔软）。

e. 提花组织（锦、缎、绒上有复杂的花纹）。

针织物与机织物的织造不同，是将一条以上的编织线以环状（线圈相互串套）相连的织物，有经编、纬编之分。针织物的延伸性与弹性优于机织物，是内衣、紧身衣、运动衫、袜品的最佳材料，在提高尺寸稳定性后，也可以做时装外衣。

针织物线圈形式：

a. 纬编。

（从横向供给编线，在同方向制作线环）。

平编（毛衫、内衣、运动衣，易卷曲）。

罗纹编（横方向有伸缩性，领口、袖口的松紧克夫，不易卷曲）。

真珠编（袜带，表里外观一样，松紧伸缩大，厚实）。

两面编（提花针织布）。

b. 经编。

（纵向供给编线，并在同方向制作线环）。

编链（内衣料）。

经平（网眼针织物，T 恤及内衣料）。

经缎（有花样图案，做花边、窗帘、毛毯等）花边，亦称“蕾丝”，是平面形态上有空隙花样（图案）的纤维制品总称。有刺绣花边包括满底绣花与镂空绣花（刺绣花样后用药水溶解底片，没有花样的部分烂掉，留下刺绣部分）。“蕾丝”是舞台服装中最常用的装饰材料。

无纺布，亦称“不织布”，指用纺织纤维为原料经过黏合、熔合或用化学、机械方法加工而成的面料。它的日常用途以医用卫生（如手术衣、口罩、卫生巾等）、服装鞋帽（垫肩、劳动服、防尘服、鞋底等）、家用装饰（地毯、沙发内包布、床罩、床单、窗帘等）、工业用布及土木工程用布等为主。无纺布因其产量高、成本低、用途广（隔热、透气、防毒、防震、隔音、耐热、防辐射）而必将成为服务于人的、充满前景的理想材料。无纺布对于舞台服装的制作成本来说，是最低廉的。

角色与服装界面中要求的匹配性，其中包括面料性能与演员生理要求、舞台造型艺术的和谐默契，它建立在对面料性能的鉴别和充分了解的基础上，以便选用合理、有效、取长补短。面料的性能对于舞台服装来说，只需了解直观的性能关系，不在理化数据上深究。

吸湿方面：面料的吸湿性关系到演员穿着的舒适性，在标准状态下的吸湿序列为：羊毛 > 麻 > 丝 > 棉 > 维纶 > 锦纶 > 腈纶 > 涤纶。

耐日光方面：它关系到室外着装的卫生性，序列为：玻璃纤维 > 腈纶 > 麻 > 棉 > 羊毛 > 涤纶 > 氯纶 > 富纤 > 氨纶 > 锦纶 > 蚕丝 > 丙纶。

耐磨方面：指受外力反复多次作用的能力，序列为：锦纶 > 涤纶 > 腈纶 > 氨纶 > 羊毛 > 蚕丝 > 棉 > 麻 > 醋酯纤维 > 玻璃纤维。杂技剧、儿童剧尤为关注耐磨材料的运用。

强度方面：强度由纤维对拉力的承受力来体现，相对强度的序列为：麻 > 锦纶 > 丙纶 > 涤纶 > 棉 > 蚕丝 > 铜氨纤维 > 黏胶纤维 > 腈纶 > 氯纶 > 醋酯纤维 > 羊毛 > 氨纶。

伸长性方面：氨纶 > 氯纶 > 锦纶 > 丙纶 > 腈纶 > 涤纶 > 羊毛 > 蚕丝 > 维纶 > 棉 > 麻 > 玻璃纤维。舞蹈服装伸长性的要求更为重要。

易染色方面：棉 > 黏胶纤维 > 羊毛 > 蚕丝 > 锦纶 > 化纤类。话剧类服装通常以棉毛为主。

面料由于织造方式不同，机织物与针织物在实用性能上也有差异，通过比较能清晰地区别各自的优劣，以便寻找面料性能方面与“角色—服装”的协调。（表 5-2）

表 5–2 舞台服装面料性质及其运用表

织物名称	纤维性质（成分）	织造结构	重量	特质说明、舞台效果、角色常规运用
粗布	棉 100%	平纹组织	一般	布身厚实，本白与漂白两种，可做裙、袍；本白色在舞台上吸光性强，能随着色光变化而产生不同气氛。也可按设计要求染色
平布	棉 100%	平纹组织	一般	同上
涤棉府绸	涤 65% 棉 35%	平纹组织	轻	布身稍薄，漂白与浅色为主，适于男女衬衫夏装等
卡其	棉 100%	斜纹组织	厚实	经向密度高于纬向密度，布面质地紧密，挺括，斜纹清晰，适于影视、舞台服装的夹克、中山装、裤子，吸光性良好
青年蓝劳动布（牛仔衣面料）	棉 100%	斜纹、破斜纹	厚重	色经白纬，常为靛蓝染色，结构紧密、坚固耐磨，既有单色也有印花，主要用于牛仔衣裤的用料。后道水洗或砂洗之后，会产生泛白的肌理效果
泡泡纱	棉 100%	平纹组织	轻	用氢氧化钠浆料按泡泡的设计要求印在上面，经松式烘洗形成凹凸状泡泡，布身透气爽身，夏令时节常用衣料，如女式衬衫、睡裙等
绒布	棉 100%	平纹组织	一般	布面经拉毛工艺，表面或正反面产生短而密的绒毛，手感柔软丰满，保暖性好，内衣、内袍均可适用
丝绒	棉 100%	割经与割纬	厚实	织物外表呈现均匀而平齐耸立的绒毛，光亮度好，有顺光与倒光之分，柔软丰满的手感在表演服装中常为礼服、旗袍类的常用面料该面料注意色光对其效果的影响

续表

织物名称	纤维性质（成分）	织造结构	重量	特质说明、舞台效果、角色常规运用
灯芯绒	棉 100%	一组经纱与两组纬纱织成，其中一组纬纱与经纱交织成地布；另一组与经纱交织成浮纬再经割断整理为绒毛条	厚实	灯芯绒条子有阔粗、中、细等之分，常见的是灯芯绒棉 10% 地布，另厚实 1 英寸含 89 条，有单色也有印花等。常适组纬纱用于休闲类西装西裤、童服
涤粘中长花呢	涤 65% 棉 35%	防缩与蒸呢处理	一般	仿毛感强，有覆盖性。在舞台上可缝制外套、西装西裤、便服等，吸光性良好，色彩较多
涤粘中长华达呢	涤 65% 棉 36%	斜纹组织	一般	手感丰满，布面有隐斜纹路，适用于外衣面料，可替代全毛哔叽、华达呢等，舞台效果两者一致，但成本悬殊
混纺麦尔登	毛 70% 黏纤 30%	斜纹组织	厚实	呢面丰满，细洁平整，耐磨性好，适宜制作外套。替代全毛麦尔登
玻璃纱	人造纤维	平纹	特轻	高度透明，常用于翅膀造型及丰富服装色彩层次，朦胧感为特色
尼丝纺	锦纶丝 100%	平纹	轻	绸面细洁光滑，柔软性较差，可做套装里衬料，也可替代真丝电力纺，制作一些宽松飘逸的衬衣及褶裥式领饰、克夫等
双绉	丝 100%	平纹	厚实	绸面经精练整理，表面有微凹凸的波曲形皱纹，光泽柔和手感柔软抗皱性强，悬垂性极佳，女性角色的长裙、礼服及庆典性服装均可采用形象此面料，给人仪态万方之感。吸光性较好

续表

织物名称	纤维性质（成分）	织造结构	重量	特质说明、舞台效果、角色常规运用
乔其纱	丝 100% 涤 100%	平纹	轻	轻薄、透明起皱的衣料，柔软而富有弹性，垂势良好，适用制作衬衫、裙晚礼服等
织锦缎	20/22 桑蚕丝	重纬组织	一般	由于它是一组经丝与三组纬丝交织而成，纹桑蚕丝重纬组织一般样花色多，也可镶入金银丝交织，主要用于中国传统服装，如旗袍、中式袄晚礼服
软缎	蚕丝与黏丝交织	缎纹织物	一般	有花软缎与素软缎之分，制作范围同上
打包布	棉	平纹	一般	布面粗糙不洁，结构较稀松，可替代粗布、平布，染色后适宜制作平民百姓服饰。吸光性好，但色泽感弱
涤缎	涤丝	平纹	一般	布面光洁，有闪光效果，色彩多为淡色系列是裙类常用材料
人造革	化纤材料	黏压	厚重	革面光洁，有各种色彩，造价低廉，是皮革的最佳替代材料，也可在革面上涂上金、银粉作为胄甲的主料。吸光性差，对色光有抗担性
玻璃钢	化纤材料	热压	厚重	高温经铸模热压而成，定型性强，有刚度，军戎服饰中胄甲的理想材料，吸光性比人造革好
人造毛	化纤材料	长毛线组织	一般	造价低，是真皮毛理想的替代材料，小面积运用于帽、领、袖、摆边缘作饰
抽纱	棉、化纤类	针织	一般	镂空效果，宜做披巾、三角巾等服饰配件
莱卡	人造弹性纤维	机织、针织	轻	伸缩性强，弹性比橡胶高 3—5 倍；柔顺合体保形性强；内衣、泳衣、紧身衣等首选材料
蕾丝	人造纤维	针织	轻	高弹性质，分镂空与提花、单色三种，常用于局部装饰

第二节　演员体形体表与材料适合性

材料应该最大限度地具备人体的生理功能，在物化性、力学性、生物性方面体现价值。同时，人体出于舒适卫生、协调环境的要求，尽量在选择面料中回避不匹配的性能因素，吸取有利人体效能的成分。人体体表与面料适合性，表现在弹力面料的价值与演员体形的综合适应两方面。

一、弹力面料的价值与适合

将弹力面料专门列出有明确的价值：其一，弹力面料与人体运动机构（骨骼、肌肉、皮肤）均有伸缩、回复的运动性；其二，弹力面料与人体肌肤共同具备柔软、呼吸的卫生性。从舞台服装人体工程学的角度出发，合适的弹力面料是面料作用于人体的最佳选择。舞蹈、杂技、歌舞、音乐剧服装对弹力面料的运用极其广泛。

弹力面料与人体体表（主要是皮肤）有着共同的特征，但它们之间必然有着差异。弹力材料可以人为地处理、调节控制弹性值，而皮肤的弹力是在有限范围之中，且年龄、营养、身体部位不同等均有差异，如何使弹力面料更好地服务于皮肤卫生和形体运动，是考虑的焦点。弹力面料的弹力分高弹、中弹、低弹三类。高弹面料具有高度的伸长和快速的回弹性，弹性为 30%—

50%；中弹面料弹性为 20%—30%，称为舒适弹性面料；弹性在 20% 以下为低弹面料，根据美国杜邦公司标准，要使材料既有弹性，又能保持款式外形不变，弹性在 20%—30% 最适合。 弹性增大，舒适性提高而外形保持性下降，适应要求是舒适与外形兼顾。人体各部位在活动中材料所受拉力的方向、大小不尽相同，杜邦公司对人体肘、肩、臀、膝在活动中所受拉伸力的大小与方向测定表明，强力伸缩度在织物能拉伸 30%—50%，而回复拉力损失不超过 5%—6% 的状态下，既能紧贴皮肤而展示人体曲线，又可随人体动作屈张作自由收缩，这一标准弹性值符合女性角色的长袜、泳衣、紧身内衣、舞蹈服等要求；而弹性在 20%—30% 之间可作外衣类，如夹克衫、运动衫、健美裤等。

弹力面料具有方向性，分纬弹、经弹、经纬弹三种。纬弹面料是在纬编机上加入氨纶丝氨纶纤维（Polyurethane Fibre），简称 PU 纤维，有两大类：一类是聚酯型氨纶，代表商品名是“瓦伊纶”（Vyrene）；另一类是聚醚链段镶嵌共聚物，简称聚醚型氨纶，代表商品名是“莱卡”（Lycra），是时尚的弹力材料。编织；经弹面料与经纬弹面料均是在经编机上加入氨纶丝编织而成。由于编织方法不同，弹力面料的纵向与横向延伸率不一样，所适合的服装内容也不同。

二、 面料与人的综合适应评价

角色与服装界面决定着演员身体与材料的适应呈系统关系，综合适应内容包括材料产生的人体生理反应（运动与皮肤）、物化性能与人体、心理感受、适宜舞台温度、造型类别等方面。

第三节　演员身体要求的材料舒适与卫生性

舞台服装材料对演员身体的舒适与卫生要求，远高于生活服装，这方面通常被忽视。“台上一分钟，台下十年功”，与服装不可分离。日常工作中，经常听到演员因服装舒适、卫生方面不足的种种埋怨，大多只能无奈接受。为此，舞台服装人体工程学从科学卫生的角度，提出服装材料对演员身体要求是关注。

舞台服装的材料依附演员身体（内衣直接、外衣间接），身体需要的新陈代谢、恒定温度、舒适感觉等与材料有关。材料的“皮肤角色”格外重要。

一、吸湿、吸水

纤维外表面及内表面以物理或化学的形式吸收水分叫吸湿；纤维之间、织物之间吸收水分叫吸水。吸水的原理与人体毛细管现象一样，先在织物纱线及纤维表面吸着，逐渐浸入纤维之间。

人体蒸发着大量的水蒸气，贴身面料充当吸湿材料；而当人体处于舞台运动之中（出汗）时，贴身面料就应吸水使其向外发散，起着调节人体温度的作用。贴身服装的吸湿、吸水要求，在材料上以天然纤维、再生纤维为宜，合成纤维类吸湿性差，甚至不具备，几种常见纤维吸湿性排序：羊毛 > 人造

丝 > 麻、丝 > 棉 > 尼龙 > 维纶。

面料过量吸湿或吸水则使重量增加，含气量减少，通气性下降，热传导率增大，使水分蒸发引起人体热量损失，这样的面料接触皮肤表面时会产生不适感。面料最好有适度吸湿和适度的水分发散速度，放湿速度过快，体温发散增大，对体温调节不利。服装的吸水与吸湿，内在服装由人体表面的不显性蒸发和出汗引起，要求吸水性强，本着这个原则，内在服装的材料结构以针织品的经编材料（且有一定厚度）为宜。外衣的材料结构以合成纤维的梭织物较好。

二、透水、透气

透气性是指材料两侧存在空气压力差时，空气通过织物气孔的能力。舞台服装面料的透水透气性对演员身体的舒适和卫生影响极大，透水透气才能使空气进行交换，不让散发物在服装中蓄积。如果服装中的二氧化碳超过0.08%，水蒸气量使湿度超过 60% 时，就会有闷热感，身体躯干的皮肤与服装最内层之间的气候，维持舒适的指标为相对湿度 50% 左右、气流在 25cm/s 左右。解决人体的闷热感觉，应使用透水、透气性好的材料，使汗液及时散发。

透水、透气性好的材料，织物组织稀疏或透孔，如针织汗布，真丝乔其是理想面料。面料的织造形态比纤维性质更能决定透水、透气性，织物越密越厚，透水透气性能越差，雨衣、滑雪服等要求既不透水、又不发闷的面料，则需采用高密组织或防水透气的后道整理来达到。

三、保温

发挥保温作用也是舞台服装的目的之一。材料的保温不单受通气、热传导，也受热射线的反射、吸收所支配，还受织物结构的影响，材料中空气越固定（内部所含空气越多），保温性越大，材料中空气流动越快，保温性越小。例如，缎纹组织比斜纹组织含空气量大、斜纹组织比平纹组织含空气量大，缎纹组织的保温性在三类组织中最好；在同一组织中，起毛组织的保温性大于没有起毛的组织。

就同一材料的材料来说，厚度与保温成正比。材料紧贴皮肤时，空气层厚度为零，而保温性最小，在身体上一层层加叠材料后，保温性随之增大，但这种增厚是有限度的（在 5—15mm），超过这个厚度就会降低保温效果，市场上的“空气层内衣”就是适当地保持着空气层厚度（图 5-1），保温性曲线的粗线范围表示最佳的空气层厚度，它的值在 5—15mm。

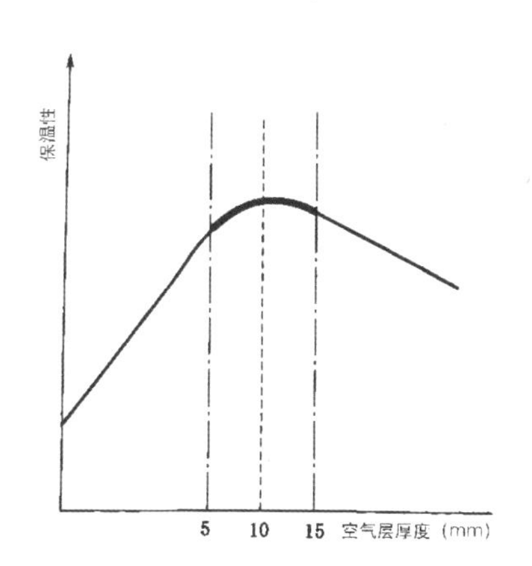

图 5-1　空气层厚度与保温性之间的关系

舞台服装材料对演员身体的保温问题，还涉及舞台空间条件及灯光的关系，需要综合评价。

舞台服装直接作用于人体体表，服装材料成了与皮肤最亲和的媒介，从而引出服装系统与皮肤系统的互联关系，成为舞台服装人体工程学中卫生要求的重要内容。

演员的皮肤要受到舞台环境、着装状况等多方面的影响，如紫外线、细菌、染料污染、外伤等，这些理化作用导致皮肤的卫生障碍及病理变化。对于服装来说，如果将之作为抗体，自然会与导致皮肤障碍的抗原发生作用，而出现种种过敏反应乃至病理变化。

通过对舞台服装的污染情况、材料与皮肤障碍等卫生学知识的了解，可在处理上协助解决服装适合皮肤卫生的问题。目的在于既能满足演员表演空间中必须依靠服装的客观欲求，又能使之达到保护肌肤、发挥肌肤生理机能的效果，使二者更为贴切、更科学卫生。

四、涉及皮肤卫生的舞台服装环境污染

所谓舞台服装环境污染，指人的生理及人为的舞台环境污染的服装转而污染皮肤，进而危害演员身体健康。舞台服装环境污染有内部污染与外部污染两种，内部污染是皮肤生理反应，外部污染是舞台空气质量、舞台材料及灯光作用。内部污染由皮肤的分泌物，如水分、汗、脂肪、表皮屑等造成。人的各部位生理机能不一样，分泌物污染量也有主次之分，从脂肪性污染量来看，颈 > 背 > 肩胛 > 胸 > 腰腹 > 大腿。灯光的热度辐射不一样，污染量也不同，表演动作大于静态，舞台外部污染指空气中尘埃、烟雾、浮游物、多媒体投影辐射、服装做旧污迹、化妆品等对服装污染而反作用于皮肤。演员身体受到服装材料的物理性质左右，同样量的污染在不同面料上反映是有差异的。例如，表面绒毛多的面料，对尘埃的吸附量就比光洁平滑的面料大得多。一般来说，毛呢料由于含有多个反应性活性基，污染量大于蛋白质纤维的丝绸，而丝绸又大于含有氨、苯等化学物质的尼龙。

在内、外污染相互作用条件的舞台条件下，而导致的微生物污染，也是

舞台服装污染演员皮肤的一个方面。微生物污染在服装中的体现，是由于皮肤分泌物、皮肤温度、外界污染、面料性质等多种因素作用而产生的细菌、真菌、病毒等污染皮肤。一旦皮肤产生的汗液、水蒸气、皮脂及皮屑被服装吸收，而未受卫生 (洗涤) 处理，就会被分解，为细菌繁殖制造了适宜条件，从而诱发皮肤病变。根据久野氏报告，汗液的固体成分为 0.3%—0.8%，其中约 3/4 为无机成分 (食盐)，约 1/4 为尿素、尿酸肌酸酐、氨等有机物，汗液的固体成分被服装 (内在部分) 所吸收而产生汗臭味。再者，如果这些微生物处在 80% 相对湿度的环境之下，会急剧增长，也就说明高温高湿的气候条件下，服装要勤洗涤，而面料应适于多次洗涤。

五、舞台服装材料与皮肤障碍

舞台服装材料引起的皮肤障碍，与纤维制造过程中使用的化学物质及其整理过程中的染料、助染剂等有关。例如，色彩鲜艳的维尼纶制造的面料含有甲醛，当甲醛受皮肤汗水作用后，游离于纤维而刺激皮肤，会引起皮炎。舞台服装出于对柔软性的要求，经常在整理中添加硫酸酯、多元醇、脂肪酸等化学成分，一旦当它们从纤维中游离，刺激皮肤就不可避免，美观与卫生的关系可见一斑。

生活服装的“洗可穿”“免烫型”等服装材料都是由整理中化学添加剂的处理，促使服装不易产生折痕而永久免烫，但在演员身上一旦与汗液接触，其甲醛成分就可能游离纤维而刺激皮肤。根据测定，含有 0.05% 游离甲醛就会产生皮肤炎症，尤其对过敏性皮肤的人，脱下这些服装后症状会消失。可见，舞台服装中内衣最好不选用这种不合卫生要求的“免烫型”面料。

舞台服装常用的合成纤维中常含有下列化学物质：硫酸、苯、氨、甲醇、乙烯、醋酸、甲醛、氯化氢等。在染色整理中，对皮肤有污染的物质有：碱性染料、酸性染料、还原染料、分散染料。它们都含有氨基 (—NH_2) 成分，对皮肤无益。另外，色彩纯度越高、色彩越艳，所含氨基也就越高，如明黄、孔雀绿、宝蓝、藏红。在色彩处理上，要尽量回避高纯度的明艳色调及深色系。

六、舞台服装污染处理与皮肤卫生

舞台服装可以通过化学消毒及日光、蒸汽消毒等方法来处理污染，还包服装管理员的勤洗、勤换来杀死或抑制病原菌，尽量减少服装污染对皮肤的卫生损害。化学消毒方法有福尔马林气体消毒剂喷杀，药皂 (0.1%—0.5%) 溶液浸泡法。日光消毒法，先将服装洗净，在较长时间的日光照射下，靠阳光的紫外线来杀菌。蒸汽消毒法，使用高压 (0.1MPa 帕压力的高压蒸汽在 120℃中，20min 可杀死所有细菌) 蒸汽来消毒是最安全的消毒方法。

勤洗勤换处理，指通过勤洗涤与更换来避免服装病原菌产生、繁殖的可能。例如，水衣彩裤的“脏”，在穿着功效上是符合工学要求的，因为它充分地吸收了皮脂与汗液，但不勤洗勤换，就会失去舞台服装人体工程学的卫生价值。

七、舞台辐射关系与皮肤卫生

舞台服装的辐射关系，指灯光辐射、热辐射对服装传热后的效应，它涉及皮肤温度的升降与散热问题。服装改变了皮肤暴露于环境表面的问题，充当了皮肤与环境接触的替代品，因而也就改变了人体的辐射关系。在热辐射环境条件下，服装作用是隔热。隔热的效能与服装色彩 (染料)、材质都有直接关系。就服装色彩折射来看，银色与白色最佳，淡色系次之，深色系最弱，因为银色能对辐射产生高反射作用，银铝箔织物的太空服能说明这一点。就服装材质来看，结构越紧密，对辐射的作用就大，反之就越小。在无灯光的环境条件下，服装作用是减少辐射产生的散热，一般以服装的多层来减少散热，维持皮肤的温度。

舞台服装作为光辐射的防护物，服装表面和皮肤之间的隔热性能体现舞台服装的性能，当皮肤温度上升或由于表演运动而降低了服装隔热性时，服装的表面温度也随之上升，这样通过辐射和对流又可增加表面的散热作用，协助皮肤进行生理(温度)调节。

舞台服装表面状态也与热线的反射、吸收有关(表5-3)。表面光滑反射大，粗糙反射小；缎纹组织浮纱多、起毛少，对光泽的反射大，对起毛织物起皱织物反射小。

表 5-3 颜色与热线吸收的比较

色相	吸热比	色相	吸热比
白色	1	橙色	1.94
黄色	1.65	红色	2.07
青色	1.77	紫色	2.26
灰色	1.88	黑色	2.5
绿色	1.94		

通过颜色与热线吸收的比较（表5-3）可以看出舞台服装的染料颜色对演艺身体的热负荷也有影响，它们对光辐射的反射率不尽相同，其中铝箔和白色的反射效果最佳，黑(深)色最差，对此应有基本把握，前期设计与后期制作中回避不利环境条件的选择。

第四节　角色形象塑造的特殊材料运用

舞台服装人体工程“角色—服装—表演空间”系统中，借助材料来塑造舞台形象是一个重要内容。舞台服装材料在系统关系中具有它的独特性，材料的概念与生活服装有着极大的差异，舞台服装材料除了具备常规服装的功能之外，出于戏剧的假定性及造型性，更要求在材料服务角色形象塑造上对材料的概念拓展。为了塑造角色形象的需要，材料的择用可以不拘一格，以角色形象在舞台上更具有艺术感染力。在此，涉及特殊材料及再造肌理对应角色的充分运用。

舞台服装面料的“肌理”在戏剧角色形象塑造中尤为重要，它以不同的质地特征与表象为角色服务。肌理，指面料特有的组织构造与材质感觉，涉及触感、手感、视觉反应、纹理、质地与组织结构，在舞台上以人的视觉感受其中。例如光亮平滑的金色亮片点缀在厚实的深色绸缎上，显得富贵高雅，为角色的身份作出定论。

面料肌理形式感的再造有以下几方面：

a. 打褶。

就是将面料有规划、按次序地折叠，使之出现有序的条纹；也可用线或松紧带将面料抽缩，使之出现不规则的皱褶。

b. 镂空。

直接采用镂空编织物，或者在材料上抽去经纱或纬纱，使它表面组织产生变化，显示不规则的肌理效果。

c. 绣与拼缀。

在面料表面绣出所设定的图案，使面料出现浮雕的效果，产生对比。将面料正反面倒顺并用，将不同的肌理与光泽产生反差，使质感丰富。

d. 对比。

将完全不同的材料进行组合，如皮革与纱、劳动布与泡泡纱，大衣呢与软缎等面料组合，产生外观的强差异，使服装形象有明确的厚薄、软硬对比。这种处理要注意大面积的调和，小面积的反差。

舞台服装除选用常规面料之外，还大量地运用其他物质材料来帮助造型。

a. 轮廓骨架。

形态的服装，如撑（衬）架裙、花卉裙、动物头饰等均需运用一定的轮廓骨架来完成造型，常用材料有铁丝、竹篾、柳条、软管、电线等。

b. 充填。

充填材料有海绵，棉絮等。

c. 外观贴饰。

舞台服装特殊的外观贴饰为了强调特异效果，常用亮片、闪光布、金属片、反光布、玻璃板、塑料、PVC透明塑料、各种印刷品等。儿童剧、民族舞剧、杂技剧常用此作为后道装饰。

舞台上的一切形象都是假定的，服装材料除纺织品之外，任何能塑造角色的物质，均是可用之材。下面列举一些非常规纺织品在舞台服装上运用的现象，以备借鉴。

撑(衬)裙架，用竹篾或柳条做架子，以细铅丝来绑扎成所需要的形态，再将裙料铺设在上面缝合而成。

蜡塑，用来代替易碎、易变质的物体。例如，礼服裙的边缘有苹果、香蕉等缀饰，可采用彩蜡制成的水果来取代真实的水果，它的逼真性完全能达到要求，而真实的水果一经灯光烘烤，既失去光泽，也容易腐烂而污染服装。蜡塑具有极强的仿真性，分量也轻，非包装用的尼龙绳在灯光下有一定的闪烁感，质地上与丝线制成的缨穗相似，廉价而不失效果。

特殊纹理的印刷品，如英文报刊、图片等。只要符合设计创意所需，都可以借来表现一般面料无法体现的效果。可以将它们裱托在普通纺织品或质地耐磨的纸张上，经裁制来完成造型。也可与纺织品组合、穿插来共同配合，构成丰富的肌理效果。

金属材料的仿制，用泡沫板做内芯，再用具有金属肌理效果的“即时贴”粘贴，既节省开支，又不失效果。

亮片，亮片有大有小；有成形（已构成单独图案）与散亮片之分；有金色与银色、玫红色与宝蓝色、白色与黑色等等。已经成形的图案只需将之缝到所需位置即可，散的亮片要用针一个个按事先划好的图案轮廓、位置、大小，逐个钉上。

反光材料，有反光布与反光塑料膜，舞台服装如果表现“只见服装不见人”的效果，可以用此材料，因为反光材料（在黑暗中）发灯光照耀之后，反光能见度极佳。

PVC 透明薄膜，表现朦胧与层次、透明与怪异，注意与其他材料及其色彩间的穿插。

复合革（人造皮革），代替真皮材料，也可在上面涂（喷）上所需色彩或花纹。

直流式的电棒（彩棒）、五彩串灯、荧光灯等等，作为服装上的装饰，经常用于童话与神话、梦幻剧等体裁的服装上，富有变幻、流动、喧闹或神秘的舞台气氛。

数码喷绘，将图像数据输出到相应的色彩数码打印机上喷印出所需的装饰纹样，图像分辨率在 800dpi 左右。一般是为了高保真的再现特殊的仿古纹样。由于打印的图像分辨率问题，纹样的清晰度及色彩还原性有所不足，通常在舞台服装上做部分后道处理，如纹样边缘绣上或者钉上一些装饰珠片，丰富数码喷绘的层次。

3D 打印，是一种 20 世纪 90 年代末出现的新型特种舞台服装材料技术。它是通过数字模型文件为基础，运用粉末状金属或高分子塑料等黏合材料，通过逐层打印方式来构造一个设想物体的技术。这种材料特别适合于舞台服装中多层次的立体饰件，尤其是形态独特、体面、变化多样、穿插多层、线条精细的装饰。一般来说，打印后的 3D 材料需要后道做色、描绘来达到所需的最终效果，打印出的物体仅仅是一个坯样。舞台服装中角色所需的明清时期的龙、凤冠就可用此技术，打印完后做上颜色，并缀以珠宝装饰。

舞台服装同样需要相应的辅助材料来帮衬主体。舞台服装辅料是指在舞台服装中除了面料 (包括特殊材料) 以外的所有配料的总称。如里料、衬料、填充料、线、钩、拉链、花边等。舞台服装的辅料比生活服装更宽泛，也是戏剧的假定与虚拟决定的，它不像生活服装那样讲究内在的品质，而是注重舞台的视觉效果是否达到角色塑造的要求。例如，生活服装中的填充料绝不可用废报纸或废海绵，而在舞台服装上却允许存在。

舞台服装的辅料对于角色服装的创造起着辅助与衬托作用它与主面料一起共同实现角色服装的价值。例如，粗质打包布经染色之后代替呢绒材料 (仿毛料质感)，最好用比较厚实的里子与衬料来使之形态稳定，否则，单凭一层打包布会显得稀松而没有骨架，尤其像制作燕尾服、文艺复兴时期的短披风等款式。辅料对舞台服装的影响不可忽视。舞台服装材料中的辅料大致有以下几种。

1. 里料

里料，指服装最里层的材料，也称“夹里”或“里子”。舞台服装采用它有几方面的作用。其一，增加服装的滑爽性。便于服装(尤其是外套、大衣类)的穿脱与人体运动，减少主面料表面的摩擦力；其二，增加服装的立体效果。有些面料轻、薄、透、软，增加一层与面料协调的里料，能帮助面料形成平整的形态；其三，防止填充料外露。装有海绵、棉花、泡沫等充料的服装，一定要加袋里料，不使其裸露在外。里料运用的工艺类型有活里、死里、全夹里与半夹里四种。里料的种类很多，舞台服装一般采用再生纤维类的羽纱、富春纺、美丽绸、尼丝纺、尼龙绸、绦丝绸等，尽量回避真丝电力纺、真丝斜纹绸等货真价实的里料。里料与面料在性能上的搭配要恰当，主要是缩小率、色牢度熨烫温度等方面尽可能一致，以免影响外观。

2. 衬料

舞台服装的衬料，指服装的领、肩、腰、前胸、门襟等部位的垫衬材料，它对衬托演员的体型，完善款式造型至关重要。衬料对于舞台服装造型的最大作用，在于修正、改善演员形体的不足。例如，溜肩者通过肩衬的处理，能抬高溜肩，使左右肩对称；胸部平坦的女性，通过胸衬的托垫，可以显得丰满、圆润；普通的纺织品有衬料的配合，可以变得挺括而富有骨架。衬料的种类有用于中厚型外套、大衣、西装的马尾衬、毛鬃衬(亦称黑炭衬)；用于普通中山装、西装的麻布衬；用于一般衣料的粗布衬及细布衬；用于薄型女装(裙)的黏合衬。

3. 填料

舞台服装的填料，指塑造非常规(自然)人体形态，表现角色特定服装外形，在面料与里料中间的填充物。例如，表现驼背的形象，要在服装背部的里料与面料之间充填上棉絮，来表现局部的曲凸外观。填料的常用材料有棉絮（棉花）羽绒、人造毛皮、中空棉、泡沫塑料、废报纸等，一般不用品质较好的鹅绒、驼绒。

4. 花边。

花边在舞台服装中使用极其广泛，几乎是宫廷服装、传统戏装、民族性舞蹈服装中不可缺少的一部分。花边的种类繁多，以机织与手工花边两大类为主。尺寸有宽有窄，色彩也很丰富，只需根据服装的需要，在设定的部位选择缀饰，以色调和谐、风格近似为准则。辅料内容中，除了以上几种外，还有线、扣、钩、拉链、褡扣等不可缺少的部分。

第五节　不同服装材料的鉴定与服装后期维护

对于舞台服装来说，在选料中经常对所购面料的材质把握不准，尤其是化学纤维的大量发展，加之各类混纺品种的多，使面料鉴别更为复杂。纺织品的鉴别法有很多种：手感自测法、燃烧法、显微镜观察法、溶解法、药品着色法等。现介绍两种最便捷的材料鉴别方法。

a. 手感自测法。

根据纤维的外观形态、色泽、手感及手拉强度等，可判断出天然纤维，如棉、毛、麻、丝绸或化学纤维。

从纤维长度上看，天然纤维长度整齐度较差，化学纤维的长度一般比较整齐。天然纤维中，棉纤维纤细柔软，长度较短，伴有各种杂质；羊毛纤维较长，卷曲柔软而富有弹性；丝纤维长而细，具光泽。化学纤维与各种合成纤维手感自测难以区别。

b. 燃烧法。

燃烧法是对手感自测法的补充，尤其指纤维已经织成布料。

燃烧法是借助于燃烧的方法，从各种纤维燃烧的气味与灰烬中区别纤维的性质。例如，棉花、粘胶及麻类（纤维素纤维）与火焰接触时迅速燃烧，离开火焰后续燃，有烧纸的气味，灰烬少且呈灰白色；羊毛与蚕丝（蛋白质纤维）接触火焰时徐徐燃烧，离开火后也能燃烧，有强烈的臭味，灰烬松脆且呈黑色；

合成纤维一般接近火焰时熔融收缩，在火中能燃烧，也具有各种气味，但难确实判断纤维品种。

舞台服装的后期维护，主要指保管与储藏。因服装材料的不同，保管方式也有相应的差异。

棉、麻材料为主的服装，存放时须洗净、晒干、折平，放衣橱箱，可用聚乙烯包装来包装并放入衣物干燥剂来保持干净和干燥，防止衣物潮湿发霉。角色的与深色的服装要分开存放，以防染色或者泛黄。

丝绸材料为主的服装，收藏时需要在服装面上盖上一层白色棉布或者白色的宣纸，并且平放在柜子里。不能放樟脑丸，否则易泛黄。

呢绒材料为主的服装，收藏前要晾晒拍打，去除灰尘。宜悬挂存放在橱中，不要折叠，以免变形而影响外观。

非纺织材料的服装需要特别储藏。以硬体胄甲为例：第一，需要配制加宽的特制衣架来悬挂，才能保持不变形，否则形态复原十分困难；第二，需要干燥通风的环境，因为制作胄甲的材料有发泡、EVA 等具有刺激性气味的材料，会有气味散发，通风也是为了不让皮革腐烂及装饰金属件生锈；第三，千万不能上下叠放挤压，防止变形；第四，主演的胄甲提倡用穿在立体人台上存放，才能保证服装形态的饱满。

【思考题】

1. 常用的舞台服装材料有哪些？

2. 硬体胄甲如何保管？

3. 舞台服装材料的表现价值是什么？

第六章

舞台服装与观众知觉及其心理系统

舞台服装人体工程学是一门跨学科来使角色形象塑造更艺术、角色表演更便捷、演员穿着更科学的学科，舞台服装概念上属艺术的范畴，构成上却与人体科学、服装工程学等内容密切关联，运用价值中蕴含艺术价值，艺术价值中包含运用价值。“角色—服装—表演空间”系统关系中，角色形象通过舞台服装传达过程，与观众的认识评价构成交流关系，或者说舞台上的角色塑造成功与否，与观众的评价密不可分。舞台服装的绩效评估不单单来自编导与表演者，观众对舞台服装感官而产生的整体认识，也是检验的主要因素。因为通常观众对一部戏的第一印象一定是美轮美奂或极其逼真的舞美系统（包括服装系统），是通过视觉感官递进到心理上的审美体验。成功的服装，直接决定了角色塑造的成败。因而，对舞台服装与观众视知觉及心理系统研究尤为重要。

舞台服装与观众知觉心理的作用，主要反映在表演空间的知觉范畴之中，是对服装形态、面积、远近、方位、图像等舞台空间特性获得的认识，在观众心理经验上判断、联想中完善起来的一体过程。

人类工程学中除了对客观对象进行量值估价之外，还必须对人的主观量进行估价，主观量与客观量之间存在一定的牵连作用。例如，人对线条长度的知觉与实际长短有视错觉的作用，心理量与客观量不一定相等。在实际的“人—机器—环境”系统中，直接决定操作者行为反应的是他对客观刺激产生的主观感受，为此，心理量估价不可忽略。

“角色—服装—表演空间”系统中的“服装与角色”界面，不仅是服装与演员人体结构、运动、舒适卫生诸方面的生理因素（客观量），还包括服装形态与观众的视知觉等方面相互作用的心理系统界面(心理量)。本章将心理学的原则结合到人与服装界面之中,借用客观的实例验证,从中获取人与服装界面中的心理经验,然后将之推论到人与服装界面中去应用,以助舞台服装更全面、立体地追求“角色—服装—表演空间”系统的绩效。

舞台服装与观众的心理系统从三个方面来阐述:

其一,服装与观众的知觉心理特征,重点强调观众心理知觉历程的客观存在形式中视空间知觉与错觉,它直接作用于观众对舞台服装形象的视觉评价与知觉经验。如何在设计过程中驾驭这些内容,以及对服装形态语言的视知觉心理效应等,作实例分析。

其二,要对色彩的视知觉心理及物理性对服装的作用进行分析,评价色彩运用如何在观众的心理作用中更有效绩,使色彩与心理经验维持平衡对应。

其三,观众的心理因素与舞台服装界面关系中的标识符号(图形)在知觉心理上是什么关联状态,它们相互之间的作用如何等等,进行实例分析,促使舞台服装关注具有角色形象“点睛”作用的心理因素。

第一节　舞台服装与观众知觉心理

单纯地对环境中客观事实的客观反应是感觉，而知觉带有相当程度的主观意识和主观解释，知觉是对感觉讯息处理的心理历程。知觉是根据感觉所获得经验的心理反应，在此指舞台服装形象的内容，如观众看到龙袍便能马上推断出这个角色是帝王。这种认知反应代表了个体以其已有经验为基础，对环境、事物的主观解释。知觉也可称为知觉经验，观众在观演过程中所获得的知觉经验，是看到舞台服装周围所存在的其他刺激而影响产生的。例如，同一款式与花纹的舞台服装，穿着在胖、瘦、高、矮不同体型的演员的身上，给观众的知觉经验各不相同。可见知觉经验的相对性，是建立在服装、角色、表演空间系统界面的心理作用上。

一、知觉心理特征与舞台服装

知觉心理有相对性、选择性、整体性、恒常性、组织性几方面。现对舞台服装视知觉有关联的相对性、整体性做实例分析。

知觉相对性中的知觉对比，是指两种相对性质的刺激同时出现或相继出现时，由于两者的彼此影响，致使刺激所引起的知觉差异特别明显的现象。例如，舞台上穿黑、白两色服装的两个演员并列在一起，在知觉上就会觉得穿黑衣者愈黑，穿白衣者愈白；同样身材与身高的演员分别穿上宽松衫与紧身衣并列，也会使人产生前者偏胖后者偏瘦的知觉。

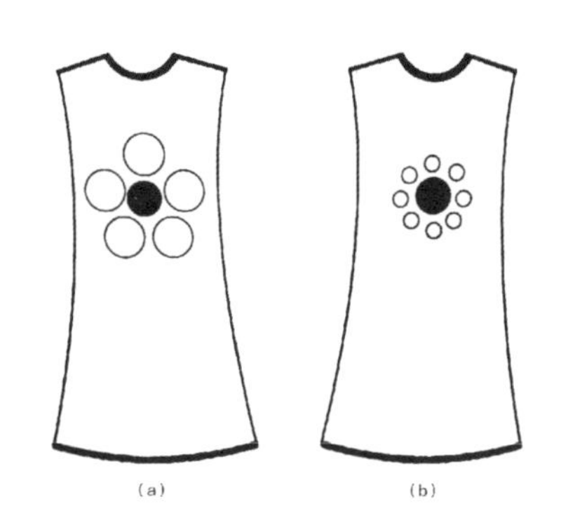

图 6-1　同心圆在不同环境中的知觉差异图

人体工程学与设计的知觉对比，这里只谈视知觉方面，因为它直接影响到舞台服装创造与表演行为中的观众心理因素，如居中间的两个圆形半径完全相等，而由于周围环境中其他刺激不同，从而产生对比作用，使人在心理上形成中心圆小于中心圆（图 6-1）。这种由对比而产生的知觉差异现象，形成了图 6-1（a）的圆为躯干图案装饰，而图 6-1（b）的圆有强调胸腹的标志特征，两个不同的知觉对比丰富了不同的设计内容。

图形中所获得的知觉经验，图 6-2（a）部分是花草枝条的局部，无法肯定它的高度与力量，原因是没有对比的参照线索；图 6-2（b）部分是同样的花草枝条，可根据花草枝条与树形图案的对比，使花草枝条显得张扬无比。可见，知觉对比是两种刺激特征上差异明显时所产生的知觉夸大现象，知觉心理学上也称为错觉。（图 6-2）

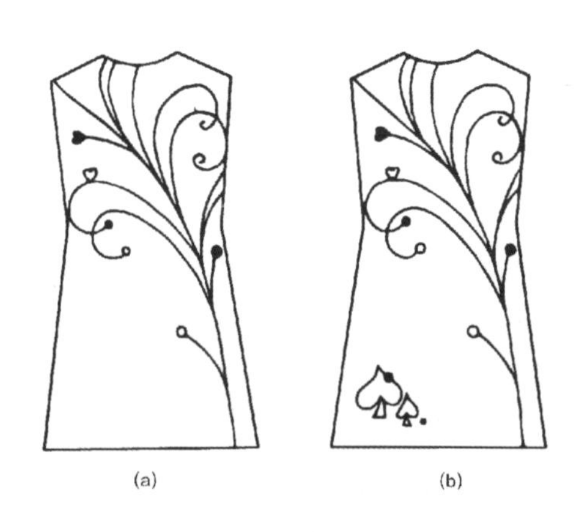

图 6-2　知觉经验在服装图形中的价值

知觉整体性（完形心理学内容）在服装设计的应用中也是常见手段，它在不完整的知觉刺激中形成完整的美感。所谓整体性，指超越部分刺激相加之总和所产生的一种整体知觉经验。正如完形心理学家们主张的，多种刺激的情景可以形成一个整体知觉判断，它纯粹是一种心理现象，有时即使引起知觉的刺激是零散的、破碎的，而由之所得的知觉经验仍是整体的。图 6-3、图 6-4 中的图形即是此种心理现象的说明。在该图形中，没有一个形块是完整的，全是一些不规则线、面的堆积，可任何人都会看出，图形明确显示了其整体意义，它由白方块与黑十字重叠，而后又覆盖在四个黑色圆上所形成，这种实际上没有边缘、没有轮廓，可在知觉经验上却是边缘最清晰、轮廓最明确的图形。

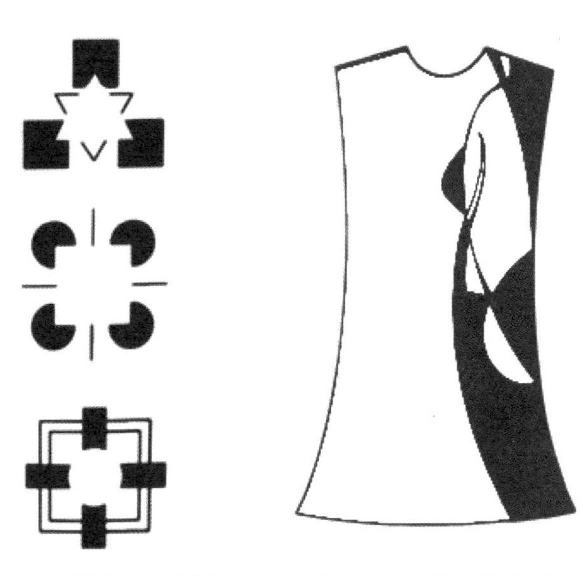

图 6-3　视觉经验实例　　图 6-4　知觉经验实例

知觉经验实例虽然是一些线、面的不规则叠加，可是，观察者却看到了变形的、若隐若现的女性背部形体，产生这种经验，充分说明了整体性建立在视知觉超越部分刺激之总和的经验，舞台服装巧妙地驾驭这个知觉整体性，将事半功倍地丰富了设计语言，如舞台服装常用色块通过不同穿插的手法来构成新的形态组合，尤其一些现代舞造型，在形式上给人以联想的经验及脱俗的境界。

二、知觉中错觉现象

心理学知觉历程中包含空间视知觉、空间听知觉、时间知觉、移动知觉、错觉等方面，视错觉是与设计美学关联最紧密的部分。所谓视错觉，是指凭眼睛所见而构成失真的或扭曲事实的知觉经验。这种知觉经验维持观察者不变的心理倾向。舞台服装出自艺术的属性，对知觉中的错觉现象的运用更适合于舞台。在表演空间中的服装假定与角色装扮，允许错觉的放大来塑造角色，在视错的诱导下实现艺术创意。(图 6-5)

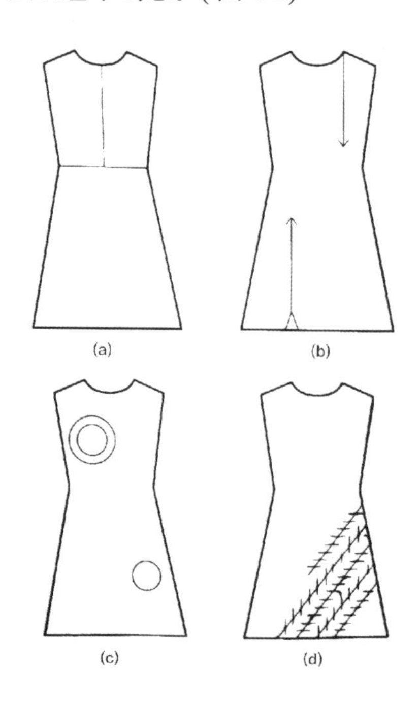

图 6-5　视错现象在服装中的运用

错觉现象形成的真正原因，至今心理学家仍未有确切定论，况且作为舞台服装创造者来说，没有必要为此深究心理反应的成因，需要关注的是知觉中的错觉现象如何合理地渗入到舞台服装的艺术形态创意中去。

图 6-5（a）中横线与竖线长度相等，当竖线垂直立于横线中点时，竖线看起来显得较长，在造型上使胸部有纵深感。

图 6-5（b）为缪莱尔氏错觉现象，两条竖线一样长，唯以两端所附箭头方向不同，上线箭头内收，下线箭头外扩，视觉上显示下线较长，上线较短而使形体有耸立感。

图 6-5（c）为戴氏错觉现象，上左侧内小圆与下右侧圆直径相等，但两者看起来不等，下侧圆比上侧内小圆要小，有趣味性。

图 6-5（d）为左氏错觉，当数条平行线各自被不同方向斜线所截时，看起来即产生两种错觉：其一是平行线失去平行；其二是不同方向截线的深度似乎不一样，对于设计中淡化形体轮廓有帮助。

知觉中的错觉现象可以修正演员形态，通过错觉原理使演员的形体根据角色的需要显胖或显瘦、显高或显矮。例如，模糊垂直水平线，使人体在视觉上的宽度而显丰满，加强人体下肢部垂直线。这里要明确的是错觉修正演员形体的运用，要注意视错觉经验的积累，善于用图形、色彩来表示错觉现象，尊重视知觉中错觉的失真判断，将失真判断融合到舞台服装设计中去，在不合理中见合理，在假设的知觉错觉中实现对演员的修形塑身。

三、视知觉学习与经验对舞台服装的价值

视知觉经验的获得，除了依靠视觉感应的生理功能吸收信息之外，还靠观众对引起视知觉刺激情境的主观解释。这个主观解释受观众以往经验的影响，而经验来自视知觉生理条件与视知觉的学习两方面。在人的视知觉中，未加学习的知觉是最基本的，它也许会对情境中刺激物视而不见。所以，视

知觉学习对舞台服装创造更有价值。例如，女演员穿着白色曳地长裙并头披纱巾、手持鲜花，你能确立它是婚礼形象的符号；挺括的西装三件套在人们心中确立“传统守旧的绅士”形象等，都说明构成视知觉的刺激情境是具有符号性的，并带有特别意义。在经过感觉获得这些信息后，从事视知觉解释时，必须依赖学得的经验来帮助。例如，上排，你会看成A、B、C、D、E、F，并对第二个字母确定为B；而把下排的第四个符号看作13，事实上“B”与“13”在字形上是一样的，这是由于观察者面对眼前情境唤起不同的经验所致，它是建立在观察者以前学得的两种知识上。没有以往学习经验的积累，不可能在排列顺序上出现不同的视知觉判断。由此而联想到服装界面，观众学习经验中的舞台服装心理期待，在某种程度上是舞台服装绩效检验的成分。抗战剧中的反派角色汉奸特务，造型再有创意也需掂量观众的心理经验，对服装的营造找到了观众的心理知觉定位。

四、舞台服装语言基本形态与知觉的心理效应

舞台服装与观众的知觉心理，首先需要在设计中认知。出自舞台服装塑造角色的功能及处于特殊的表演空间，服装的每个语言均需要按照视知觉效应去酝酿。舞台服装的角色性特征，对个体角色及群体角色的组合、平衡、主次、强弱、知觉经验是一种富有绩效的成分。

舞台服装形象由语言形态按不同的设计和形式语言调度、组合而成。组合中的语言基本形态具有可视、直观的特性，在设计主体和设计对象（客体）中，他们总会受学习到的经验影响，在对不同的基本形态知觉中唤起不同的心理经验，在形象与知觉心理的作用过程中产生不同的服用效应。

这里介绍点、线、面形态在服装中的心理效应，对它们之间具体的设计

处理（造型设计）不做分析（表 6-1）。

表 6–1　点、线、面形态在服装中的心理效应

外观	变化	形象	心理效应	运用方式
轨迹	a.圆	●	集中、概括、标志尺寸软 、不稳定	扣、装饰襻、贴饰、缉线
	b.不对等圆		优雅	同上
	c.同心圆	⊙	视错、丰富、节奏感	同上
	d.曲直相间		包含、统一变化	同上
方向	a.水滴点		滋润、优雅	图案、装饰形
	b.仿宋点		多变、力量	同上
	c.角形点		别致、节奏感	扣饰、装饰形
	d.倒三角	▼	力量、刺激、运动	同上
	e.折线点		运动、警告、力量	同上
连续	a.蝶形点		连续、偶尔、随意	图案、装饰、配饰
	b.大小圆		环绕、节奏感	图案、装饰带、配挂件
层次	a.垂直圆点		虚缈、隐匿、松弛	图案
	b.水平圆点		同上	同上
平整状态	a.规则多边形	★	严谨、力量、思想性	图案与装饰、佩件
	b.不规则星角		占领、打碎、反常态	图案
形态性	a.椭圆		标志感、说明、强调	扣、图案与装饰
	b.瑞果纹（火腿纹）		雅致、活力、古典	同上
	c.盘扣形		传统、优雅	同上
	d.贝壳形		优雅、活力	同上
	e.卐字形		传统、对应、力量	图案
	f.花型		生命、热闹、自然感	图案与装饰、佩件
	g.心形		象征性、忠诚性	同上

第二节　观众对舞台服装色彩配置的心理反应

一、色彩心理效应与舞台服装表现

色彩（颜色）感觉由不同波长的光而引起，因人眼对各种不同波长光的感受性不同而产生不同的色感，不同色感由于大脑作用而产生具有某种情感的心理活动。色彩在视知觉的通信工具中得到的是表情，是视知觉传递感情的重要因素，并且左右人的情绪与行为。

色彩生理与色彩心理既互相联系，又互相制约，在有一定的生理活动时会产生一定的心理活动，在有一定的心理活动时也会产生相应的生理活动。例如，一位女演员总是在穿着上纯度与明度很高的橘红色，产生温暖、明亮、刺激与冲动的心理感受，但长时间接受这种橘红色的刺激，会使观众产生心理上的烦躁，而在生理上寻求平和、清静、素雅的蓝(冷)色来补充平衡。可见，色彩的视觉舒畅、和谐与生理上满足(平衡)和心理(对应)相关色彩影响人的心理活动包含单纯性与间接性心理效应两种不同的心理反应。

舞台服装色彩配置的心理反应，体现在角色塑造上极具作用。色相、明度、纯度之间微妙变化及相互作用，均影响着角色间的戏剧性关系。充分地利用色相的差异，使服装的角色与角色间产生出其不意，如块面化的黑与单个性的白、群演中的绿与主演的红，均使角色的主次强弱清晰区分。纯度与明度在不同场次上的微妙变化，角色服装揭示了人物的戏剧过程，如深蓝到浅蓝隐喻角色的身世变故与人物情感情绪上的转变，利用色彩表现来传达角色的戏剧性。

二、单纯性心理效应与舞台服装色彩

单纯性心理效应是由色彩的物理性感应直接产生的某种心理效应，这种物理性刺激感应具有即时性，刺激消失，心理感应也消失。从生理学色光作用于人的感应来看，每一种色彩都发出一种作为主体的电磁波，电磁波经过人的视神经渠道到达松果体与脑垂体，以一种直接刺激的方法激发人的感应，通过感应产生心理反应。例如，医务人员角色的服装首选淡色系、白、淡绿、淡粉红、奶白等，回避深重、艳丽的色系，其目的在于轻快、淡雅的色彩能减弱带给病人的色彩刺激而产生洁净、平静的心理效应。我们从心理学的试验与例证中已经察觉到情感受色彩的诱导，并因色彩种类不同而异。如红黄色能唤起富有力量、精神饱满、野心、欢乐、决心胜利等情绪。紫色是一种冷红色，不管是从它的物理性质上看，还是从它造成的精神状态上看，它都包含着一种虚弱的和死亡的因素。下面通过一些主要色相（色彩相貌）来认识色彩性格所具有的客观表现潜力和在服装上的表现效果，它对舞台服装的色彩认知同样有价值。

（1）红色：从颜色波长表可以看出红色的波长最长。它的明度虽然偏低，但最纯净、鲜亮而极富光彩，在视觉上有扩张感与刺激性。红色的心理效应对服装的作用过多地体现在红色色域的变化上，一旦红色经淡化或暗化（纯度减弱、明度降低），或加入其他色相，或改变与其他色相的对比条件，都将在视觉感应上有相应的调整。例如，将红色加黑向暗色方向发展，则变得坚硬、沉稳而减弱了饱和红色的刺激程度，适宜主角服装的配色。

注意红色在视觉上有迫近感与扩张感，而产生强烈的心理作用，在运用中宜慎重，可取的手法是对其进行变调处理，在暖与冷、明与暗、鲜亮与模糊之间和其他色彩进行广泛地变化，并在变化中体现红色的个性特征。

（2）橙色：橙色亦称为橘红（黄）色，它的波长仅次于红色。心理学的测验表明，它能使人的血液循环加速。由于橙色是红色与黄色的混合体，最具视觉扩张感和温暖、明亮、辉煌华丽的心理感应，同时，它在空气中的穿透力仅次于红色，注目性极高而经常成为标志与讯号色。然而橙色经不住其他色彩的介入，尤其是白色，一旦白色与之混合它就会显得苍白无力；黑色与之混合又显出模糊、阴沉的褐色，设计配色中要谨慎处置。

橙色在舞台服装中单独使用较少，与它的视觉刺激强度有关，一般橙色作为与其他色彩搭配、修饰之用，或者降低纯度。橙色在角色身份需要的特殊的职业工装中富有价值，它的明亮与辉煌可作相关职业服装色彩，发挥它的标志性与安全警示作用。

（3）黄色：在可见光谱中，黄色的波长居中，在光亮度上它是色彩中最明亮的色，有尖锐感与扩张感。但缺乏深度与分量感，它一旦与无彩色接触，就会立刻失去自己的光度，尤其对黑色十分敏感，哪怕是少量黑色也会改变它的色性而向绿色转换。而在黑色底上的黄色，却达到最强烈的视觉刺激。

黄色在舞台服装中的运用要根据角色的身份、地位而定，主要是与皮肤色的呼应问题。对于肤色偏红或偏黄的演员，要回避黄色，不然色相上的同一会使整体形象灰暗阴沉。单纯的黄色在舞台服装中运用，会显现特殊身份，如帝王、宗教僧侣等角色。

（4）绿色：人的视觉对绿色的反应最平静，它具有青春、生命、自然、成长的象征。它的色彩转调领域非常宽，可从多种不同的表现潜力中显露它的表现价值。如绿倾向黄产生自然界的清新，显示青春的力量，使心境舒坦；绿倾向蓝成为冷色的极端，产生稳定、端庄的效果。

服装中的高纯度绿色有着象征性，成为军界角色的服装符号。舞台服装中运用绿色，应注意和白色、米色、浅灰色的搭配，减弱它过于平静、中庸的性格。

（5）蓝色：可见光谱中，蓝色波长较短，在冷暖感方面，蓝色是冷色的代表，与红、橙色形成鲜明对比，呈消极、内在、收缩的效应。蓝色以悠远深邃感而体现理性与神秘。

蓝色在色彩对比处理中具有多变性，例如，黑色底上的蓝以纯度力量呈闪烁状；黄色底上的蓝呈深沉状态；褐色底上的蓝因变得强烈的视觉颤动而生动。蓝色的性格也具有较宽的变调领域，康定斯基将蓝色比喻为："浅蓝色类似笛声，悠扬又明晰；深蓝色像大提琴声，深沉而动听；更深的蓝就显示出低沉的音色，犹如那永远也倾诉不完的苦闷一样，沉痛而又悲哀。"

蓝色在舞台服装中的运用率最高，既作主色系，也作配色之用。原因在于蓝色易与其他色协调，它在不同明度与色相配置中均能产生不同的有效心理反应。例如，蓝、白相间的洁净、精干、生动适合于青少年形象的塑造；蓝色与明亮的绿、黄相配产生凉爽、轻快的心理反应而作用于角色；暗蓝色的爽快、刚毅适应于男、女角色套装；灰蓝色的稳重广泛合乎成年人角色服装理性、超然的心理要求。

（6）紫色：紫色是可见光谱中最短的，色彩明度也最低，相对于黄色的知觉度而言，被称为非知觉色彩，它的暗度在表现效果中有一种神秘感。紫色纯度越高，华丽感越强，在华丽中透出热情；紫色偏向蓝紫，有冷艳的非世俗意象；紫色暗度降低有雅致、深沉、潇洒的意象。

紫色对舞台服装来说，是表示身份的色彩，这与紫色所具有的高贵、沉稳、神秘有关。紫色在舞台服装中运用要考虑角色的身份因素。另外也要考虑演员的如皮肤（肤色）条件、配色效果等，处理不当很难出效果。例如，紫色不宜为偏黄、偏黑肤色的人使用；男性角色不宜选用淡化后的紫色（有脆弱的女人气）；穿着紫色要讲究面积的适中并在妆面上与之协调等，此乃设计美学中涉及的问题，在此不做展开。

（7）黑、白、灰色：黑、白、灰对于舞台服装来说，是中性色，能广泛地适应于其他色彩的配置，同时也能独立体现价值。黑色低明度的特征使之具有庄重、坚硬、牢固的机械感意象；白色具有集所有色彩成一体和空虚、单调的双重性格；灰色出自黑白之间丰富的层次，而具有平稳、谦逊、温和的性格。

黑、白、灰在舞台服装中被广泛运用，从内衣到外套、从单一使用到搭配处理均可，尤其是中性角色及哲理性风格的剧目，常用黑、白、灰。

黑色作为礼服色彩，显示庄重严谨；作为休闲服色，显示简约、现代感。白色清爽洁净具有单纯意象。灰色使用范围更广，其沉稳、庄重的性质适合成熟持重的角色。

单纯性色彩所具有的抽象感情及服装运用范围，适用于角色身份的划分。

表 6–2 色彩的抽象感情与服装运用范围

色彩	抽象感情	服装运用范围
红	喜气、热情、兴奋、恐怖	性格张扬外向的角色
橙	火热、跃动、温暖	职业类角色
黄	光明、快乐、醒目	职业类、宗教类角色
绿	青春、和平、安全、新鲜	儿童剧、青少年角色
蓝	宁静、理智、寂寞	中年，正义的角色
紫	优雅、高贵、忧郁、神秘	中年，有身份的角色
黑	庄重、严肃、悲哀	牧师，巫师类角色
白	洁净、神圣、安静、雅逸	神话类角色
灰	高雅、谦和、沉着	沉稳冷静的有一定年纪的角色

三、间接性心理效应与舞台服装色彩

色彩单纯性心理效应是以各种刺激因素直接作用的心理因素，随着刺激的消失，色彩心理效应也随之消失。根据心理学的知觉历程内容，这种单纯性的心理效应成了知觉经验，以多种感觉的统合姿态出现，激起更鲜明、强烈的心理感应。由此而产生的建立在视知觉学习经验之上的心理效应被称为间接性心理效应。间接性心理效应是单纯性心理效应派生出来的复杂心理效应，对于这种复杂心理效应产生的生理条件，心理学家至今仍未全然作出确定的分析，仅是以心理学上的共认来解释这个现象，作为舞台服装没有必要去完成心理学家研究的课题，只不过借用于现有的心理学知识来洞察色彩效应与角色服装放置的关联和牵制内容。

正因色彩间接性心理效应是建立在视知觉学习经验之上的，是视觉信息与学习经验之间形成的同构关系，当这种同构关系复活时，就产生了联想——参照以前的经验、印象产生的新认识。由于联想的作用，新的认识以一种更为丰富的形式体现出来。例如，我们看到紫红色的礼服，会由该色联想到与它有关的其他事物，像紫藤、茄子、优雅、高贵，“紫藤、茄子”即具体联想；“优雅、高贵”是抽象联想。

色彩间接性心理效应还涉及观众受色彩刺激产生的各种各样感情反应，即色彩感觉。色彩感觉与色彩联想一样，因观众年龄、性别、职业、文化程度等不同，对感知的角色服装色彩感情也不相同。在舞台服装设计中，一般根据人们对色彩感知的共性点来考虑色彩的感性效果，而在配色上融入色彩感觉内容。

色彩感觉包括冷暖、轻重、进退、胀缩、软硬、华丽与质朴等方面，产生这些感觉与色彩的色相、明度、纯度有关。例如，明亮的色感觉前进，深

暗色感觉后退；纯度越高越华丽，纯度越低越质朴。（表 6-3）

表 6–3　色彩感觉

色彩感觉	色相	明度	纯度
冷	青、青绿	—	—
暖	红、橙、黄	—	—
进	—	高明度	高纯度
退	—	低明度	低纯度
胀	—	高明度	—
缩	—	低明度	—
软	—	高明度	中纯度
硬	—	低明度	高纯度、低纯度
华丽	红、紫红、绿	高明度	高纯度
质朴	黄、橙、青紫	低明度	低纯度
轻	—	高明度	低纯度
重	—	低明度	高纯度

舞台服装配色循着色彩感觉的客观心理反应，有意识地、有目的地考虑它与角色配合的综合关系，如色彩与人的肤色、色彩与人的形体修饰、色彩与年龄等感觉效应。

表 6–4　肤色与适宜的服装色彩

肤色	适宜的服装色彩
偏白	奶白、紫色、咖啡色系列，广泛适应
偏黄	粉红、红、黑、白、黄绿、藏青
偏红	白、奶黄、高明度色
偏棕（红黑）	高明度、高纯度的艳丽色彩，如橙、橘红

表 6–5　色彩修饰人体形态的运用内容

色彩运用	色彩运用后的形体修饰感觉	其他辅助处理
明度低、纯度低、冷色系	由胖使人显瘦	花型图案直条、小格、小花
明亮色系	由瘦使人显胖	花型图案横、斜条、大花、大格
中明度、暖色	由矮使人显高	上下装色彩统一，回避两截式

续表

色彩运用	色彩运用后的形体修饰感觉	其他辅助处理
上装明亮、下装暗色	使臀部显窄	/
下肢部色彩统一的中明度、低纯度色	使短腿显修长	/
躯干中部低明度、低纯度色	使粗腰显得纤细一些	腰部色彩不要与上装色彩呈对比处理

第三节　灯光与服装色彩

服装的色彩受舞台灯光的影响，是舞台服装的特征之一，服装色彩在演出中受灯光色彩、光位、光区的限制是设计中需考虑的重点。以淡灰色与黑色为例，它们在不同的色光下，呈现的色彩效果完全与想象中不一样 (表 6-6)。

表 6–6 同样灯光色在深浅两种面料上的色彩呈现效果

灯光色	淡灰色面料（黑白比 30 ： 70）	黑色面料（黑 100%）
红	红	褐
黄	黄	土黄
冷蓝	冷蓝	深蓝
冷绿	冷绿	深绿

从表 6-6 的色比可见，灯光制约着服装的色彩，生活中平淡的灰色在舞台色光下反而显得多姿多彩，随色光的气氛而运行，成为塑造剧目整体气氛的成功语言。

不同色光对面料表面色彩的影响有着很大的舞台应用价值，只有把握这些关系，才能更好地为设计服务 (见表 6-7)。

表 6–7 不同色光对面料表面色彩的影响

被照面料色	照明色彩			
	红	天蓝	绿	黄
白	淡红、粉红	淡蓝	淡绿	淡黄、米黄
黑	暗红、红黑 *	深蓝、蓝黑	绿黑	橙黑 *
红	明红、朱红	深蓝红 *	黄红	亮红、橘色

续表

被照面料色	照明色彩			
	红	天蓝	绿	黄
淡蓝	红蓝	明蓝	绿蓝	淡红蓝 *
深蓝	深红紫	明蓝	深绿蓝	淡红紫 *
黄	橙色	淡红棕	淡绿黄	明淡橙
棕	棕红	蓝棕 *	深橄榄棕	棕橙
绿	橄榄绿	绿棕	明绿	黄绿
注：有“*”标志的色，在舞台服装运用中应十分慎重，防止有“脏”“闷”的效果				

对舞台服装色彩的处理，需注意不同质地面料在色光下的不同效果，常表现在以下方面：

①面料光洁，具有反光性的亮丽质地，在色光照射后，反出光的光色，例如真丝双绉、尼丝纺、淡色锦缎、淡色涤缎等。

②面料的表面有细毛的丝质感，容易与色光复合，出现强烈的复合色彩。例如，蓝色的丝绒旗袍在黄色光的直射下，呈淡绿色彩。

③面料质地粗犷，如麻袋布、编织料、照上色光后，其光亮度、鲜艳度被削弱。

④面料色彩倾向不是很纯的（含灰）服装，基本上照什么色光，呈现什么色彩。

另外，舞台服装面料色彩与光的关系有以下常见规律：

a. 白色的面料在各种色光照射下，面料呈色光颜色。

b. 黑色的面料在各种色光照射下，基本上不显现光色（表面反光及绒毛除外）。

c. 要求表现服装的本色，请灯光师用白色照明光或三原色光、补色光。

d 服装色与光色是相同时，服装色并不会在色度上增强。

e. 服装色与光色成对比状态时服装色趋向于灰或黑灰感觉。

f. 服装色与光色成邻近状态时，服装将显出第三种色。

⑤高度透明的纱帛，在色光照射下，会变得更有层次并呈现光的本色。

⑥无论什么色彩的反光材料，在色光照射下仅是一定亮度的光斑，不会呈现反光材料的固有色（如 LED 灯等）。

第四节　舞台空间与服装色彩关系

舞台服装色彩与空间如同时装色彩与环境协调一样，色彩安排不能忽略舞台空间的气氛与背景。

服装色彩与舞台空间最明显的默契体现在两者之间的协调。假如背景与大道具是中间色调，服装的色彩可以自由些、丰富些。背景不是中间色调，要强调景与服装的对比，服装色彩不能与景混为一体。如果景是冷色调，服装用暖色调；景是暗灰的低明度色彩，服装要亮丽；景是灰色调，服装要用明亮的色彩，使角色色彩富有激情。

服装色彩与舞台空间的色彩关系，还体现在它们之间要有整体感，要把握好整体协调与对比的关系。舞台上如果是红色的椅子，演员服装既不能用红色也不宜用绿色，红色服装在红色椅中有隐匿感，绿色服装与红色椅子又缺乏协调，最好用明亮的色彩，如白、淡灰色、奶色、金色等。另外，如果大背景（天幕或墙体等）是某一鲜明的色彩，服装色彩要保持一定的对比，在明度与色相上拉开区别，使角色服装形象清晰明显。根据色彩学家对色彩易见度测试，列出了容易分辨的配色（表 6-8），此可作为舞台空间与服装色彩布局的参考。

表 6-8 舞台背景与服装之间容易分辨的配色

舞台背景底色	服装色
黑、褐	黄
黄	黑
黑	白
紫	黄、白、淡灰
蓝	白、淡灰
绿	白、淡黄
白	黑、灰、各种灰色
黄	绿、蓝

总的来说，服装色彩与景的关系是：要让景“托”人而不能“夺”人。在“托”法上可以有所不同，既可以淡 (景) 衬浓烈 (服装)，也可以浓 (景) 衬淡 (服装)，两者都很和谐，而意味不同，设计师必须巧妙地运用舞台空间色彩的风格来为服装服务，力求出奇制胜。

【思考题】

1. 什么是舞台服装工程学中的知觉心理？
2. 知觉心理的认识在舞台服装设计中有哪些重要性？
3. 为什么说知觉心理具有相对性？
4. 灯光色彩与舞台服装色彩有什么关系？
5. 色彩在舞台服装设计中有哪些影响？

参考文献

1. 潘健华:《服装人体工程学与设计》，东华大学出版社 2008 年版。

2. 潘健华:《舞台服装设计与技术》，文化艺术出版社 2000 年版。

3. 潘健华:《舞台服装材料设计学》，河北美术出版社 2010 年版。

4. 胡妙胜:《阅读空间——舞台设计美学》，上海文艺出版社 2002 年版。

5. 洪忠煌:《戏剧艺术概论》，浙江教育出版社 1998 年版。

6. 潘健华，陆笑笑:《戏曲现代戏服装设计与体现》，中国社会科学出版社 2017 年版。

7. Douglas A. Russell:《Stage Costume Design》，PRENTICE_HALL，INC，1973.

8. 谭元杰:《戏曲服装设计与技术》，文化艺术出版社 2000 年版。

后　记

本选题来自作者《服装人体工程学与设计》的启迪，是结合教学与实践而与时俱进的总结。2000 年《服装人体工程学与设计》问世后，得到了业界的高度关注与好评，国内多家开设服装类专业的院校都已此书作为教材。2005 年入选上海市精品课程“服装人体工程学”专用教材。2018 年此课程被连续三年评为上海市网络在线精品课程。如今，随着一流学科的创建及专业建设科学化理念的加强，作者结合多年来教学及舞台剧目创作的经验积累，针对舞台美术中服装设计专业特征，写作了这本专门围绕舞台服装系统的《舞台服装人体工程学》。在新时代文化大繁荣及舞台艺术日趋多样化，表演形态多元化的今天，提出“角色—服装—舞台空间”系统的舞台服装人体工程学理念，并由此来科学地梳理出建构舞台服装人体工程学的知识点及构成内容，是一门服务于戏剧影视与舞台服装的全新研究。

本书的创新点在于鲜明地提出了舞台服装所需的人体工程学概念，总结舞台服装结合不同演出类型的需要、演员动作的需要、不同的表演空间所需要注意的人体工程学理念。告诉从业者们舞台服装不仅仅要从设计出发还需要考虑到它的实际功效，这也为演出提供了绩效。同时，根据作者多年从事舞台服装设计的工作经历及遇到的问题作相应解答，使内容更具专业性，对专业人士有直接的参考价值。每个章节都结合内容提出了相关的思考题，具有专业教材的操作性。